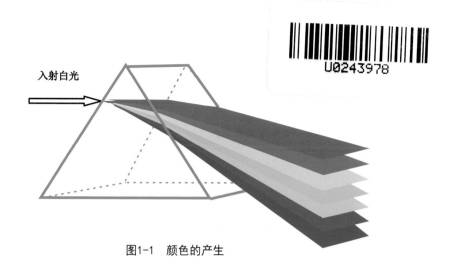

入射白光

图1-1　颜色的产生

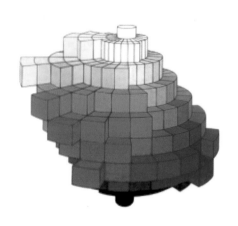

图1-2　孟塞尔颜色立体

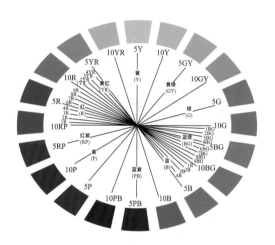

图1-3　孟塞尔颜色体系——色相

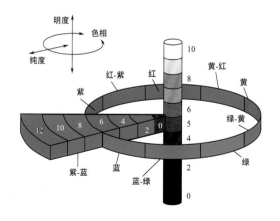

图1-4　孟塞尔颜色体系——明度

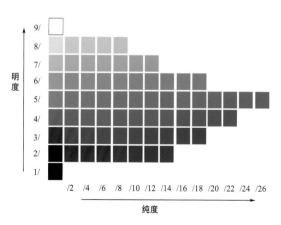

图1-5　纯度与明度的关系

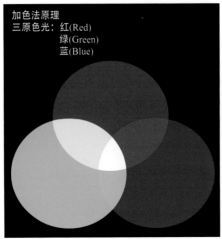

加色法原理
三原色光：红(Red)
绿(Green)
蓝(Blue)

图1-6　加色法原理

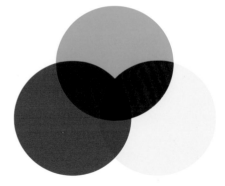

减色法原理
三原色颜料：青(Cyan)
品(Magenta)
黄(Yellow)

图1-7　减色法原理

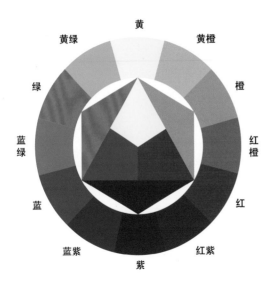

黄
黄绿　　　黄橙
绿　　　　　　橙
蓝绿　　　　　　红橙
蓝　　　　　　红
蓝紫　　　　红紫
紫

图1-8　伊登色环

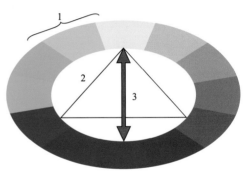

图1-9　补色原理
1—相似色，色环中两个比较接近的颜色；
2—对比色（120°～240°）；
3—互补色（相互对立180°）

图1-10　标准日光光源

常用色粉的色相和色光

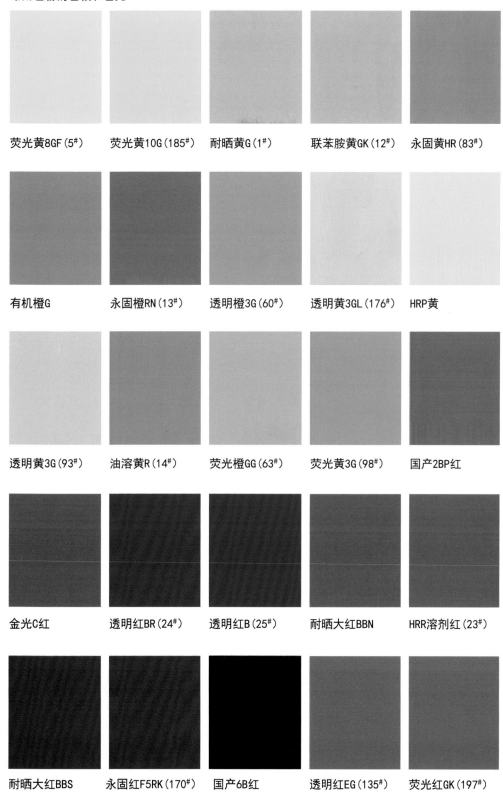

荧光黄8GF（5#）	荧光黄10G（185#）	耐晒黄G（1#）	联苯胺黄GK（12#）	永固黄HR（83#）
有机橙G	永固橙RN（13#）	透明橙3G（60#）	透明黄3GL（176#）	HRP黄
透明黄3G（93#）	油溶黄R（14#）	荧光橙GG（63#）	荧光黄3G（98#）	国产2BP红
金光C红	透明红BR（24#）	透明红B（25#）	耐晒大红BBN	HRR溶剂红（23#）
耐晒大红BBS	永固红F5RK（170#）	国产6B红	透明红EG（135#）	荧光红GK（197#）

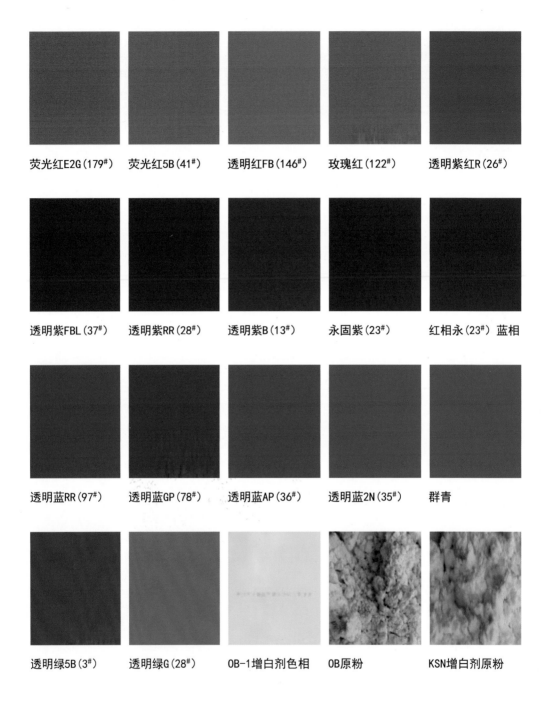

荧光红E2G（179#）　　荧光红5B（41#）　　透明红FB（146#）　　玫瑰红（122#）　　透明紫红R（26#）

透明紫FBL（37#）　　透明紫RR（28#）　　透明紫B（13#）　　永固紫（23#）　　红相永（23#）蓝相

透明蓝RR（97#）　　透明蓝GP（78#）　　透明蓝AP（36#）　　透明蓝2N（35#）　　群青

透明绿5B（3#）　　透明绿G（28#）　　OB-1增白剂色相　　OB原粉　　KSN增白剂原粉

塑料配色
实用新技术

尹根雄 颜丽平 编著

化学工业出版社

·北京·

本书是一本关于塑料着色的实用技术类图书，依托于作者多年从事塑料配色的经验和心得体会，通过实物和国际标准PANTONE（潘通）色卡调色打样做实例讲解，对塑料着色的方法和技巧进行了详细的介绍。内容涵盖颜色的调配理论、塑料成型工艺、色粉及助剂的选择等方面，并对电脑配色及色母粒制造的相关知识进行了介绍，具有很高的实用价值，可供从事塑料配色、塑料制品加工、塑料工程研发、塑料配色培训类技术人员学习参考。

图书在版编目（CIP）数据

塑料配色实用新技术/尹根雄，颜丽平编著 . —北京：化学工业出版社，2014.11（2023.9重印）
ISBN 978-7-122-21774-5

Ⅰ.①塑… Ⅱ.①尹…②颜… Ⅲ.①塑料着色-配方 Ⅳ.①TQ320.67

中国版本图书馆 CIP 数据核字（2014）第 206696 号

责任编辑：仇志刚　韩霄翠　　　　　　　　　　　装帧设计：刘丽华
责任校对：吴　静

出版发行：化学工业出版社（北京市东城区青年湖南街 13 号　邮政编码 100011）
印　　装：涿州市般润文化传播有限公司
710mm×1000mm　1/16　印张 10　彩插 2　字数 191 千字　2023 年 9 月北京第 1 版第 9 次印刷

购书咨询：010-64518888　　　　　　　售后服务：010-64518899
网　　址：http://www.cip.com.cn
凡购买本书，如有缺损质量问题，本社销售中心负责调换。

定　　价：48.00 元

前言

塑料配色就是在红、黄、蓝三种基本颜色基础上，配出令人喜爱、符合色卡色差要求、经济并在加工、使用中不变色的色彩。另外塑料着色还可赋予塑料多种功能，如提高塑料耐光性和耐候性；赋予塑料某些特殊功能，如导电性、抗静电性；不同彩色农地膜具有除草或避虫、育秧等作用。即通过配色着色还可达到某种应用上的要求。

一个合格的塑料配色工程师必须要掌握各种塑料原料加工成型工艺特性，色粉的选用和适用性能，各种助剂的使用和过硬的配色技术，才能调配出最经济、最接近样品和最具竞争力的颜色；才会分析、寻找色差原因和处理各种可能出现的颜色问题。特别是现在塑料新材料、塑料合金市场的迅速发展，使塑料颜色的调配技术也更为复杂。

因为色彩对塑料加工条件非常敏感，塑料加工过程中的某一个因素不同，如选用的原材料、色粉、机械、成型参数与人员操作等就会有色差产生。所以调色是个实践性很强的职业，平时要注意经验的总结和积累，再结合书本的理论，才能快速提高调色技术。

本书根据笔者多年从事塑料配色的经验和心得体会，从塑料配色方法、塑料颜色配方设计；塑料颜料选用、塑料助剂和色粉助剂使用；各种塑料原料、工程塑料特性和加工成型参数及各塑料原料配色、工程塑料配色技巧四个方面介绍塑料配色技术，采取实物和国际标准 PANTONE（潘通）色卡调色打样做实例来讲述塑料颜色调配技术，同时对电脑测色配色方法和色母粒调色也有详细的介绍；可供从事塑料配色、塑料制品加工、塑料工程研发的技术人员学习参考。

由于本书所涉及的知识面较宽，编者水平有限，不当之处恳请读者批评指正。

编者
2014 年 8 月

目录

第一章

概述

色彩理论

一、颜色的产生

17 世纪末期，牛顿证明了色彩并非存在于物体本身，而是光作用的结果。牛顿把太阳光经过三棱镜折射，然后投射到白色屏幕上，会显出一条像彩虹一样（红、橙、黄、绿、青、蓝、紫七种颜色）美丽的光谱色带；而只要将上述可视光谱上的长短光波结合起来又可形成白光，如图 1-1 所示（见文后插图）。

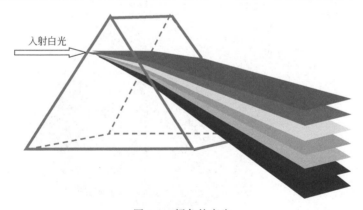

入射白光

图 1-1　颜色的产生

对于调色技师来说，只需要知道颜色是光的一部分，是由多种不同长度的电磁波组成。当光波投射在物体身上后，该物体会传送、吸收或反射不同部分的光波。当这些反射出来的不同长度的波刺激人们的眼睛时，就会在人脑中产生不同的颜色的感觉。颜色就是这样来的。

比如常见的树叶它可能反射了绿光但吸收了其他长度的波。这时候人们的视网膜和脑部视觉皮质区会处理这一反射光，然后形成我们所看到的绿色。

所以，我们能看到颜色是靠三个元素相互作用而成：光源、物体的反射特性和观察者（即人体视网膜和脑部视觉皮质区对光波的处理方式），三者缺一不可。

调色注意点：不同光源所发出的光谱组成是不同的；同一物体在不同光源下颜色是不同的；由于人的因素，同一个样品颜色有时在不同人的眼中也是有差异的。

二、孟塞尔颜色表示系统

颜色是千变万化的，尽管有很多种，但是都有三个共同点，即一定的色彩相貌、一定的明亮程度和一定的浓淡程度，也就是专业术语中的色相、明度和纯（彩）度，我们把颜色的这三个共同点叫做颜色的三属性。它们相互独立，但不能单独存在。在调配颜色时，通过改变这三个要素，就可以调配出千千万万种颜色来。

美国画家孟塞尔于 1915 年创建了用颜色立体模型方法表示的孟塞尔颜色表示系统。目前国际上已广泛采用孟塞尔颜色系统作为分类和标定表面色的方法。

孟塞尔颜色体系把物体各种表面显色的三种基本属性色相、明度和纯度表示出来，也就是有彩色的三个要素（图 1-2，见文后插图）。在孟塞尔颜色立体中，中央轴代表色彩的明度，颜色越靠近上方，明度越大；垂直于中央轴的圆平面周向代表颜色的色相，在垂直于中央轴的圆平面上，距离中央轴越近的颜色彩度越小，反之越大。

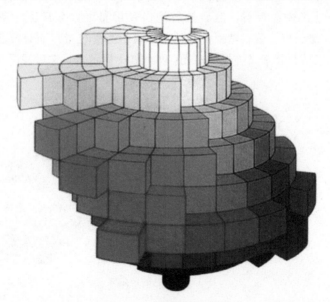

图 1-2　孟塞尔颜色立体

1. 色相（Hue，简称 H）

色相是各种颜色与颜色之间的主要区别，色相决定于光源的色谱组成和人眼对物体表面所反射的各波长的波产生的感觉。吸收全部光线的黑色、白色和由黑白调和而成的灰色称为无彩色，其他就是有彩色。

孟塞尔颜色体系在红（R）、黄（Y）、绿（G）、蓝（B）、紫（P）五种基础颜色中间插入黄红（YR）、黄绿（GY）、蓝绿（BG）、蓝紫（PB）、红紫（RP），组成十种基本色相的色相环。再把 10 色相中的每个色相再细划分为 10 等份，形成 100 个色相，将其分布于圆周的 360°中。例如红色 R 划分为 1R、2R、3R…10R，接着 1YR、2YR…10YR；把各色相的第五号，即 5R、5YR、5Y…5RP 作为该色相的代表色相（如图 1-3，见文后插图）。

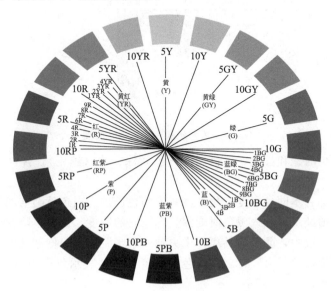

图 1-3　孟塞尔颜色体系——色相

2. 明度（Value，简称 V）

明度，也称为亮度，是表示物体表面反射光线数量的颜色属性，反射数量多就明亮，反之则深暗。

在无彩色中，明度最高为白色，最低为黑色；在有彩色中，一个彩色物体表面的光反射率越大，看上去就越亮，这个颜色的明度就越高。

同一色相可以有不同的明度，如在蓝色中加入黑色，明度降低，加入白色，明度提高。不同色相也可以有不同的明度，如在太阳光光谱中，紫色明度最低，红色和绿色中等，黄色明度最高，所以人们感觉黄色最亮，如黄菊花、油菜花。

在孟塞尔系统中以中央轴代表无彩色黑白系列中性色的明度等级，黑色在底部，白色在顶部，称为孟塞尔明度值。按照视觉上等距的原则，将明度分为 0～10 共 11 个等级，理想白色定为 10，理想黑色定为 0。在黑（0）和白（10）之间加入等明度渐变的 9 个灰色；对不同色相的彩色则用与它等明度的灰色来表示该颜色的明度（图 1-4，见文后插图）。图示为中等明度（5）、中等略偏高色度（6）的色相环；明度由全暗（0）到全亮（10）的黑白渐变色柱；中等明度（5）的紫蓝色（5PB）色度渐进带。

3. 纯度（Chroma，简称 C）

纯度也称为彩度或饱和度，它代表颜色的纯净度。也就是说某种色相的颜色含

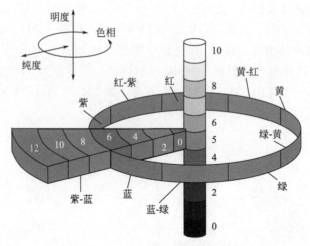

图 1-4　孟塞尔颜色体系——明度

该色量是多或少的饱和程度，含色量多颜色就深、浓（鲜艳），含色量少就浅、淡（阴晦）。

　　每种颜色都有不同的彩度变化，高彩度的色调加入白色就会变浅，提高它的明度，降低了它的纯度。加入黑色时变深，降低它的明度，同时也降低了它的纯度。

　　在孟塞尔系统中，颜色样品离开中央轴的水平距离代表饱和度的变化，离开中央轴越远，纯度数值越大，称之为颜色的纯度。纯度表示色彩中纯色成分的含量，比方说这个色粉加入 1g 还是 10g。

　　在孟塞尔系统中把无彩色的纯度设定为 0，随着灰色的减少，纯度的增加，该项颜色的鲜艳度渐渐增大。纯度的数值，用 2、4、6…18、20 等相对数值来表示，最高的纯度值因色相的不同而不同，如图 1-5 所示（见文后插图）。

　　调色实践中有亮色与暗色。亮色是向色调中增加白色，暗色是向色调中增加黑色。暗色的最终即为黑色，而亮色最后则是白色。要理解和分清楚明暗和深浅的关

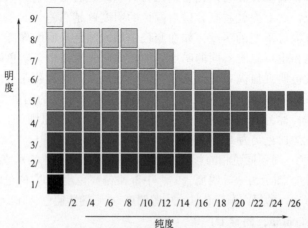

图 1-5　纯度与明度的关系

系，每一个颜色都会有这种关系的存在。

第二节
配色原理

一、色光的加法混合

在配色实践中，加法混合是指色光的混合。两种以上的色光混合在一起，光的亮度会提高，混合色的总亮度等于相混各色光亮度的总和，因此称为加法混合。颜色环上任何一种有色光，都可用其相邻两侧的两种单色光混合得到。

例如调配一个绿色样板，加入黄色与蓝色颜料，当光线射入到黄色颜料上时，反射出来的是黄色的光，吸收的是黄色光的补色——蓝色光。当光线射入到蓝色颜料上时，反射出来的是蓝色光，吸收的是蓝色光的补色——黄色光。反射出来的黄色光与蓝色光叠加在一起就生成了绿色。我们把这种现象叫做色光的相加混合，如图1-6所示（见文后插图）。

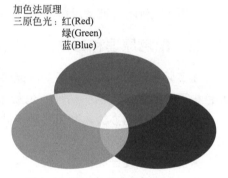

加色法原理
三原色光：红(Red)
　　　　　绿(Green)
　　　　　蓝(Blue)

图1-6　加色法原理

色光混合中的三原色是朱红（红）、翠绿（绿）、蓝紫（蓝），这三种色光都不能用其它色光相混而产生。红、绿、蓝光混合在一起形成白光。

朱红色与翠绿色相混得到黄色光，成色原理是：朱红色由黄光与红光组成，翠绿色由绿光与黄光组成，相混后，其中朱红色中的红光与翠绿色中的绿光相互补抵产生消色，而只反射剩下的黄色光。

翠绿色与蓝紫色光相混得到蓝色光，成色原理是：翠绿色由绿光与黄光组成，蓝紫色光由蓝色光与红光组成，相混后，其中翠绿色中的绿光与蓝紫色光中的红色光相互补抵产生消色，而只反射剩下的蓝色光。

蓝紫色光与朱红色光相混得到紫红色光，成色原理是：蓝紫色光由蓝色光与红光组成，朱红色由黄色光与红色光组成，相混后，其中蓝紫色中的蓝色光与朱红色中的黄色光相互补抵产生消色，而只反射剩下的紫红色光。

如果将三种原色光按照一定量的比例混合，可以得到无彩色的白色光或灰色光；有彩色光可以被无彩色光冲淡并变亮，也就是提高明度，降低纯度。

二、调色颜料的减法混合

减色法就是使用减少色光的方式来产生颜色。由于物体颜色来自于反射的光，

减色法原理
三原色颜料：青(Cyan)
品(Magenta)
黄(Yellow)

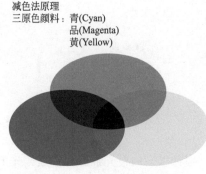

图 1-7　减色法原理

减法混合就是使用三原色来吸收物体的红、绿和蓝光。

例如，减少红光，多余的绿色光波和蓝色光波相混产生青色。如可以使用洋红来吸收掉一部分的绿光，使用黄光来吸收掉一部分的蓝光。调色时可以总结为"偏红加绿，偏绿加红，偏黄加蓝，偏蓝加黄"。

减法混合的三原色是加法混合三原色的补色，即朱红的补色蓝色，蓝紫的补色黄色、翠绿的补色红色。也就是红、黄、蓝这三种原色，是不能用任何其它的颜料混合出来的。红、黄、蓝这三种原色颜料混合在一起就会产生黑色，所以在拼色时应避免同时使用红、黄、蓝三种色相的色粉调色，如图 1-7 所示（见文后插图）。

三、配色原理和方法

在实际生产中，由于市场上所能供应的塑料着色剂品种是有限的，因此在塑料配色中不可能靠加入单一品种的色粉来实现和满足人们对各种各样塑料颜色的需求，只能用拼色的办法，利用各种不同的色粉之间的合理配伍，调配出所需要的特定颜色。

从前面的叙述已经知道：红、绿、蓝三种色光不能用其它颜色色光的混合调配出来的，利用它们相拼却可以形成几乎所有的有彩色，这三种色相我们称为三原色。但是在实践中，各种色彩调色和绘画颜料调色都是以红、黄、蓝作为三原色。

1. 拼色原理（颜色相生）

如图 1-8 中所示（见文后插图），等边三角形内的三原色红、黄、蓝（第一次色）两两相加可调配出橙、绿、紫（第二次色，间色）：红＋黄＝橙；黄＋蓝＝绿；红＋蓝＝紫。

这三个间色加上三原色共有六个颜色。再将相邻的两个颜色等量调配，又可得到相邻两色的中间色（第三次色，复色）：黄＋橙＝黄橙；红＋橙＝红橙；红＋紫＝红紫；黄＋绿＝黄绿；蓝＋紫＝蓝紫；蓝＋绿＝蓝绿；这样总共产生了十二种色相。将十二色有秩序的排列成环状就构成了

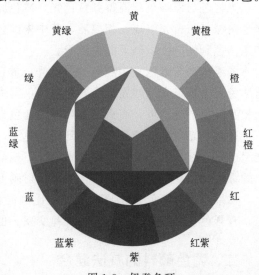

图 1-8　伊登色环

伊登色环（十二色相环），如果再加上黑和白来调配明度，理论上就可以调配出任意一个颜色来。

例如在原色的基础上，加入白色可以调配出浅红、浅黄、浅蓝等颜色，加入不同量的黑色，可以调配出棕红、深红等明亮度不同的颜色来。

2. 补色原理（颜色相克）

两个原色可以调成一个间色，该间色与没有参与的原色则互为补色。比如黄与蓝拼成绿色，未参与的红色是绿色的补色，在色环上互成180°对立。

如果两种颜色能产生灰色或黑色，这两种色就是互补色。在实际应用中可以把一定比例的纯红、黄、蓝色混合调配成为特黑色或黑灰色（白色的补色）（图1-9，见文后插图）。

红色的补色绿色是黄加蓝生成的；黄色的补色紫是红加蓝生成的；蓝色的补色橙是红加黄生成的。可以总结为：红—绿（互补），黄—紫（互补），蓝—橙（互补）。

在调配颜色时，可以利用补色来进行色差的微调，如色光偏黄可加少量蓝色，色光偏蓝可加少量黄色系颜料；同理，偏红加绿，偏绿加红（也就是减法混合原理）。

在塑料制品调色时，选用的色粉品种越少越好。因为减法混合中，由于每种颜料都要从射入的白光中吸收一定的光线，颜色总体呈现变暗的趋势，混合的颜色品种越多，明度会越低，彩度也会有所下降。

调色遵循的一个原则是：能用两种色拼出来就绝不用三种色拼，因为品种过多容易带入补色使颜色灰暗。反之，如果调灰色系列颜色，就可以加入补色来调配。

3. 相似色调色

相似色是指在给定颜色左右两边的颜色。间色一定带有两种原色的色光，在调配颜色时，尽可能地选择与样板色相相似的颜料来拼色（图1-9，见文后插图）。

4. 消色

在调色实践中，白色或黑色的掺入可明显地降低颜色的彩度和明度，使原来颜色的色调减弱、改变甚至消失，如对紫色加入等量的黑色，紫色的色调就会完全消失而变为黑色。因此，把白色和黑色称为"消色"。

在配色中，加入白色将原色或复色冲淡，就可得到纯度（饱和度）不同的颜色；加入不同分量的黑色，可得到明度不同的各种色彩。补色加入复色中会使颜色变暗，甚至变为灰色或黑色。

5. 调色方法

同色调配：单一颜色，只是色相深浅和明暗度不同。

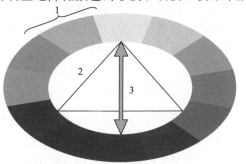

图1-9　补色原理

1—相似色，色环中两个比较接近的颜色；

2—对比色（120°~240°）；

3—互补色（相互对立180°）

近似色调配：使用邻近的颜色或在色环上很接近的颜色做调配。

互补色调配：使用色环上两个相对的颜色做调配。

对比色调配：使用一种颜色，再加上其互补色旁边的两个颜色做调配。

三角调配：使用色环上三个等距离颜色。

第三节

常用的塑料着色方法

当光作用于塑料制品时，部分光线从制品表面反射，产生光泽，另一部分光线经折射与透射进入塑料内部，遇到颜料颗粒时，再次发生反射、折射和透射，显现出来的颜色是颜料颗粒所反射出来的颜色。

常用的塑料着色方法有：干法着色、糊状着色剂（色浆）着色、色母粒着色。

一、干法着色

直接用色粉（颜料或染料）添加适量粉状助剂与塑料原料进行混合着色的方法，称为干法着色。

干法着色的优点是分散性好、成本低，可根据需要任意指定数量，配制十分方便，它省却了色母、色浆等着色剂加工过程中人力物力的消耗，因而成本低，买卖双方不受量的限制；缺点是颜料在运输、仓储、称量、混和过程中会有粉尘飞扬，产生污染，影响工作环境和操作人员的身体健康。

二、糊状着色剂（色浆）着色

糊状着色法通常先把着色剂与液态的着色助剂（增塑剂或树脂）混合研磨成糊状物后，再将其与塑料均匀混合，如搪胶、涂料等用的色浆。

糊状着色剂（色浆）着色的优点是分散效果好，不会形成粉尘污染；缺点是着色剂用量不易计算，成本较高。

三、色母粒着色

配制色母粒时通常先调配出合格颜色的颜料，再将颜料按配方比例混入色母载体，通过造粒机的加热、塑化、搅拌、剪切作用，最终使颜料的分子与载体树脂的分子充分地结合起来，再制成与树脂颗粒相似大小的颗粒，然后供成型设备制造塑料制品使用。使用时，只需要在着色的树脂中添加较小的比例（1%～4%）就能达到着色的目的。

与干法着色相比，色母粒着色有以下明显的优点：改善了由于色粉飞扬带来的环境污染问题，使用过程中换色容易，不必对挤出机料斗进行特别的清洗，配方稳定性强，可以保证相同牌号的色母前后两批颜色保持相对的稳定。

色母粒着色的缺点是着色成本高，制备数量不灵活。另外珠光色粉、荧光粉、夜光粉等色粉制成色母后再用来着色塑料，比直接混入塑料着色，其效果（如光泽等）要减弱 10％左右，而且注塑产品还容易产生流线状条纹和接缝。

第四节 <<<
塑料配色方法和技巧

一、 配色技术的学习方法

① 对常用的塑料原料性能、成型工艺参数、塑料色粉特性、调色理论和各种色系的调色技巧的熟练掌握；从整体把握调色要领，学会分析与总结；关键是对各种色粉原料的着色力、色相、色光、耐温性、分散性以及适用性的掌握。

② 对拼色原则的熟练掌握与灵活运用，能对各种颜色进行组合搭配。

③ 对各种原料的特殊性要有所了解，如底色、透明度、成型温度、化学特性等。

④ 熟悉各种成型机器的操作与调试方法，特别是对成型温度与背压、成型时间（保压、冷却时间等）要监控，还要避免用大机器生产小产品。

⑤ 对塑料生产着色的全过程进行监控，以防止不必要的色差产生，如拌料环节、加料环节、烘料环节与生产换料时的清洗工作要落实到位。

二、 拟定配方技巧

拿到一个样板，经过审样思考后，怎样拟定配方才能又快又准确，提高效率，降低物料的损耗。主要就是根据颜色理论，三原色知识对各种色粉原料进行拼色达到所需要的颜色要求。

任何一个颜色都有一定的色彩相貌（色相），一定的明亮度（明度）和一定的浓淡程度（饱和度），通过改变这三个因素就可以调配出千千万万的颜色来。所以，在调色中，主要掌握调深浅、调色相和调色差这三个技巧。只要打出一个基础样板来，就同时存在这三个因素的调配。调色原则是先调深浅后调色相；为什么要先调深浅而不是先调色相呢，因为深浅一变，色相肯定就变了。

三、 调深浅技巧

一个样板拿在手上，先要观察和分析透明程度、实色程度和色相的深浅（比如是深红还是浅红）；要确定里面的黑（灰）色、白色所占比例有多少，是深还是浅。

深色肯定黑多白少；如果是鲜艳的颜色则彩色色粉的浓度很高或者含有荧光色粉。如果是浅色，则肯定白色多，黑灰色含量少，彩色色粉量少。这些都要求调色技术人员熟悉各种色粉原料的着色力，而后分析各种颜色所占的比例，酌情选用浓度为原色粉着色力 3/4 或 1/10 或 1/100 或 1/1000 浓度的色粉原料。

对色粉的着色力的把握可以凭经验的积累。对着色力的测定可用各种色粉原料在同一种塑料基材上（软胶色粉在软胶内，硬胶色粉在硬胶里）来打板确认，做到对各种常用颜料的着色力心中有数。这是提高调色技术的关键。

比如，在 PP 料里加入 50g 钛白粉的实色程度有多少，加入 100g 钛白粉的实色程度有多少，加入 200g 的实色程度有多少。然后就可以根据这个加入比例估算出样板里面的钛白粉含量有多少，占多大比例。

每一种彩色常用颜料也可以以一定的比例加入一定比例的钛白粉，色相有多大变化，浓度有多大变化，都要做到心中有数。比如都用 10g 原色粉加入 50g 钛白粉，来打板确认着色力。

在调色过程中，往深的方向调，要凭色光分清楚是色相的深浓，还是黑浓。色相的深浓只能再加入色粉，黑浓可以加入黑色；当然可以加入少量黑来加深色相的深浓。

调浅色时，也要根据实色程度先确定好钛白粉用量，这个量最好不要随意变动，如果不够实色，要再加入钛白粉，但是在再加入的同时，其它色粉的用量也要按比例增加加入量，然后根据色相的深浅程度与各种彩色颜料的着色力，估算出彩色颜料的含量，比如中等浅色的选用 1/10 浓度的色粉，很浅的选用 1/100 浓度的色粉，用多少克等。

四、 调色相技巧

色相是不同色彩之间区别最明显的特征，理论上用红、黄、蓝三原色就可以调配出大部分的颜色来。但实际上，各种颜料的颜色一般不是单纯色，而是介于单纯色之间，带有相邻两种色的色光。比如，红色色粉一般有黄光红与蓝光红；蓝色色粉有红光蓝与绿光蓝；黄色粉有绿光黄与红光黄等。另外还要考虑到各种不同化学结构颜料的着色力与耐温、耐候、耐化学品、耐迁移、环保与价格等多方面的因素，还有在各种树脂基材中的适用性等。

通过上面的条件筛选后，能用的色粉范围已经大大缩小了。在调色过程中选择色粉时，主要注意的是色光的互补性。如调一种鲜艳的绿色，可以直接用酞菁绿 G，如果是比较深的绿色就要选择绿光蓝与绿光黄来拼色，而不能用互补的红光蓝与绿光黄来搭配。

五、调色差技巧

经过深浅与色相的估算后，基本配方就已经出来了，然后进行打板与标准样对色，根据色差来修正。

调色差又与深浅、明亮鲜艳度、色相的偏向（如少红偏绿，少黄偏蓝）有关。要明辨色差在哪个方面，也就是电脑调色介绍中的 L、A、B 色度空间。

深浅用黑、白颜料来调；明亮鲜艳度用增减色粉的用量或加入荧光色粉、增白剂来调整；色相的偏向可以增加或减少该项颜料的用量或利用补色关系来调整（慎用补色，会使颜色发暗）。只要理解透这三个关系，熟悉各种常用色粉的色相与着色力，适用树脂，耐温性等，掌握拼色的技巧，调色技术就大体掌握了。

第五节
塑料配色常用的对色光源和对色要点

一、常用的对色光源

颜色的测定方法有两种，一种是使用仪器进行比色；另一种是采用目视比色法。目前，国内对色彩的检测大多还用目视比色法，规定在相同的条件下（如制作规则的试板、选择光源、背景、角度和观察者等），进行平行、平立与左右互换比较。

塑料制造业中，目视比色法常用的光源有室内自然光、日光灯和灯箱对色。调色时一定要在客户要求的光源下审样、拟定配方、比色，才能保证颜色的准确性。

自然光，就是指无阳光直射的北方的光线，从日出 3h 以后到日落 3h 以前的北方自然光线最好，这个时间段的光照较均匀。

灯箱采用 CIE 标准照明体，如 D65 等标准日光光源，如图 1-10 所示（见文后插图）。常用的光源有如下几种。

F/A：黄光、橱窗光

D65：国际标准日光

TL84：欧洲、日本商店光源

UV：紫外光源

CWF：冷荧光、美日商店光源

V30：暖白光，美式商用光源

图 1-10　标准日光光源

二、光源的差别对颜色的影响

在阳光、日光灯、钨丝灯等光源下，每一种光源都会使被测物体看起来不一样。光线中含有偏黄、偏红或偏蓝的光谱，会与被比色物体的颜色产生色光的混合效应而导致色差。

三、观察者的差别对颜色的影响

每个人的眼睛的灵敏度总是有差别的，就是色觉正常无色盲的人，对红光或蓝光也可能有所偏倚；随着年龄的增大，视力也会改变；另外，一般人的右眼看颜色比左眼看颜色要鲜艳；由于这些因素，同一种颜色在不同人看起来是不一样的。

另一方面，在调色中，常常为了避免眼睛疲劳，在进行强烈色彩板比色后，不要立即对浅色样板与补色样板进行比色。

在对明亮的高彩度色板进行比色时，如不能迅速做出判定，观察者应对近旁中性灰色看上几分钟或远眺几分钟再进行比色；如果观察者进行连续比色，则应经常间隔地休息几分钟，以保证目视比色的质量，在休息期间不要看彩色物体。

四、物体的差别对颜色的影响

1. 面积大小的差别

大面积的颜色比小面积颜色看起来更明亮，更鲜艳，这就是所谓的面积效应。在进行目视比色时，试板和参照标准板都应当是平整的，尺寸不应小于 $5m^2$，且以制品厚度与样板一致为最好。

2. 背景的差别

放在明亮背景之前的物体要比放在暗淡背景之前的物体看起来显得灰暗，称之为对比效应。在进行目视比色时，观察者所穿着的衣服或周围环境有彩色物体时（如红墙、绿树等的反射光）也会影响对颜色的判断。

3. 方向的差别

当我们从两个稍稍不同的角度观察一个物体时，被测物上的某点看起来会有明暗之差，特别是金属颜色，有强烈的方向特性。进行目视比色时，眼睛至样板的距离为 500mm。在自然光下进行观察时，必须保证从一个方向观察试板，接近直角方向观察，在比色灯箱中以 45°角进行观察。

4. 对色有底色、面色之分

底色指透射光透过塑料制品的颜色，一般迎着光线竖着看。面色指塑料制品表面的颜色；一般把样板夹在中间与左右互换观看颜色。一般产品没有特殊要求的只对面色。

一定要按客户要求选择光源，如在自然光下要选择明亮处的漫射日光（不能阳光直射），并注意比色场所周围没有强烈的物体颜色光反射干扰（反色）；对色时要在同一平面上，把样板夹在中间与左右、上下、平立互换观看颜色。

五、颜料的热色效应

有些颜料的色泽会随着温度的变化而变化，需要完全冷却后才能对色。在调色时，一定要在对色样板完全冷却后再对色。

第二章

塑料配色常用颜料

　　着色颜料是调色技术中最重要的原料，必须充分了解其性能并能灵活地应用。调色技师要对颜料、染料的各项特性，如色相、色光、着色力、分散性、耐晒性、耐热性等指标了如指掌，还要对其在不同塑料中的应用性能，如耐光性、耐候性、耐迁移性等相当了解。特别是对部分着色剂不适用于某些树脂应十分清楚，同时对色粉原料价格也应有所了解。这样才能调配出质量好、价格低、有竞争力的颜色。

　　本书对具体颜料品种的特性，限于篇幅不予讨论，只是简单介绍，厂家在提供颜料品种的同时会提供各种颜料的特性与安全用量等。

　　对于用户来说，只要明白购买什么色相与色光偏向的色粉；用在什么胶料内或染料索引号、颜料商品名称；所要求达到的性能指标就可以购买到满意的色粉原料。

　　对于调色技师来说，关键是要懂得选择色粉。比如什么原料适用哪些类型的色粉；某种颜色是使用无机颜料还是有机颜料或者染料。如果对各种颜料的化学结构和物理特性不是很清楚，可以参考吴立峰等编著的《塑料着色配方设计》，里面有比较全面的色粉资料介绍。

第一节

颜料的分类

一、颜料与染料的区别

　　颜料是不溶于水，也不溶于使用介质，以高度分散的微粒状态使被着色物着色的一类有色物质，分为无机颜料与有机颜料。

　　染料可溶于水和有机溶剂，能与被染物以一定的化学键相结合。染料的优点为密度小、着色力高、透明度好，但其一般分子结构小，着色时易发生迁移。其主要特点与区别如表 2-1 所示。

表 2-1 颜料与染料的区别

项目	无机颜料	有机颜料	染料
来源	天然或人工合成	人工合成	天然或人工合成
相对密度	3.5～5.0	1.3～2.0	1.3～2.0
在有机溶剂或聚合物中溶解情况	不溶	难溶或不溶	溶
在透明塑料中的遮盖力	遮盖力强,不能成为透明体	遮盖力中等。低浓度时半透明	遮盖力小,透明体
着色力	小	中等	大
耐候性	强	中等	大
耐热性	多在500℃以上分解	160～300℃分解	130～200℃分解
耐迁移性	小	中等	大
化学稳定性	高	中等	低
适用性	用于苛刻条件下使用的深暗制品	大量用于鲜艳的一般制品的着色	在塑料上主要用于透明色

二、无机颜料

无机颜料通常按生产方法、功能、化学结构和颜色等进行分类。

按生产方法分为天然颜料（如朱砂、铜绿等矿物颜料）和合成颜料（如钛白、铁红等）两类。

按功能分为着色颜料、防锈颜料、特种颜料（如高温颜料、珠光颜料、荧光颜料）等。

按化学结构分为铁系、铬系、铅系、锌系、金属系、磷酸盐系、钼酸盐系、硼酸盐系等。

按颜色分可分为如下几大类。

白色系列颜料：钛白、锌钡白、氧化锌等；

黑色系列颜料：炭黑、氧化铁黑等，可用于耐热工程塑料；

黄色系列颜料：铬黄、氧化铁黄、镉黄、钛黄等；可用于各种热塑性与热固性塑料，适应性广；

红色系列颜料：铁红、钼铬红、镉红等；

绿色系列颜料：氧化铬绿、铅铬绿等；

蓝色系列颜料：铁蓝、群青、钴蓝等。

无机颜料具有耐晒、耐候性好，耐高温，耐溶剂性好，遮盖力强，价格便宜等特点，缺点是色谱不全，颜色没有有机颜料鲜艳。

常用无机颜料的性质与适用范围见表2-2。

三、 有机颜料

有机颜料也分为天然和合成两大类。现在常用的是合成有机颜料，可分为单偶

表 2-2 常用无机颜料的性质与适用范围

名称	制备原料	性 质	应 用
钛白粉	钛铁矿、硫酸	无臭无味的白色粉末，MP 1560～1580℃，相对密度 3.84～4.3，折射率 2.55～2.70	户外使用的所有塑料制品、橡胶、胶乳
锌钡白	硫化钡、硫酸锌	白色粉末，折射率约 2，相对密度 4.136～4.39	聚烯烃、乙烯基树脂、ABS 树脂、聚苯乙烯、聚碳酸酯、尼龙、橡胶制品
锑白	辉锑矿	白色或灰色斜方晶系粉末，受热变为苋色，冷却后恢复为原来的颜色，相对密度 5.67，MP656℃，BP1550℃	各种树脂、合成橡胶
锌白	锌矿石等	白色六方晶系结晶或粉末，相对密度 5.606，折射率 2.008～2.029，MP1975℃	聚烯烃、聚氯乙烯、天然橡胶、合成橡胶
锆白	锆石、炭	白色粉末，折射率 2.0～2.2，相对密度 2.0～2.2	相关橡胶
铬黄	碱式醋酸铅、重铬酸钠、浓硫酸、明矾	颜色随成分而异，从淡黄色到橙色，相对密度 6.0～6.6，平均粒径 0.2～1.0μm	聚氯乙烯、聚苯乙烯、丙烯酸树脂、酚醛树脂、环氧树脂、氨基树脂、不饱和树脂
钛黄	二氧化钛、氧化镍、三氧化二锑	柠檬黄色粉末，相对密度 4.4，平均粒径 0.4～1.2μm	各种热塑性和热固性塑料、适应性广
锌黄	氧化锌与铬酸钾或铬酸钠	柠檬黄或淡黄色粉末，相对密度 3.9 左右	聚苯乙烯、纤维素类树脂、在聚乙烯、环氧树脂及酚醛树脂中也可酌情使用
铁黄	硫酸亚铁、氢氧化钠	黄色透明粉末，相对密度 3.5，水浸 pH4	各种塑料
镉黄	镉盐、硫化钠	淡黄色至桔黄色粉末，相对密度 4.3～4.6	几乎所有户外塑料制品，颜色较浅的橡胶制品
锶黄	硝酸锶、铬酸钠	柠檬黄色粉末，耐热温度 400℃	聚氯乙烯、橡胶
赫石	氧化铁、二氧化硅、氧化铝	黄色或黄褐色粉末，相对密度 2.7～3.4，平均粒径 1～5μm	除乙烯型塑料以外的塑料
钡铬黄	铬酸钠、氧化钡	奶黄色粉末	橡胶、塑料
嫩铬黄	硝酸铅、重铬酸钠、硫酸钠	嫩黄色粉末，比柠檬铬黄浅	塑料
镉红	硫化铬、硒化镉	火红色粉末，相对密度 1.5～5.3，折射率 2.5，平均粒径 0.3～2μm	聚氯乙烯、聚烯烃、聚苯乙烯、ABS 树脂、丙烯酸树脂、尼龙、聚碳酸酯、纤维素树脂、环氧树脂、不饱和树脂、硬质橡胶制品
铁红	铁矿石	红色透明粉末，相对密度 5.1～5.2	聚烯径、ABS 树脂、尼龙、聚苯乙烯、酚醛树脂、环氧树脂、胶管、胶板
镉银朱	硫化镉、硫化汞	橙色至深红色粉末，相对密度 4.2～4.5	聚氯乙烯、聚烯烃、ABS 树脂、尼龙、环氧树脂、不饱和树脂、纤维素树脂等
铬银朱	铬酸铅、铝酸铅、硫酸铅	红色粉末，耐热温度 180℃，粒径 0.2～0.6μm	聚氯乙烯、聚苯乙烯、环氧树脂、纤维素树脂

名称	制备原料	性 质	应 用
钼铬红	硝酸铅、重铬酸钠、钼酸钠、硫酸钠	带黄色调的红色粉末	塑料、橡胶
群青	陶土、纯碱、硫磺	蓝色粉末,相对密度 2.35~2.74,折射率 1.50~1.54	聚烯烃、聚苯乙烯、丙烯酸树脂、ABS 树脂、尼龙、聚碳酸酯、酚醛树脂、氨基树脂、不饱和树脂,在 PVC 中可酌情使用
普鲁士蓝	黄血盐钾(或钠)、硫酸亚铁、硫酸、氯酸钾	深蓝色粉末,相对密度 1.8~1.9	低温加工和使用的橡胶制品
钴蓝	氧化钴、氧化铝	浅蓝色或深蓝色粉末,相对密度 3.4~3.7,平均粒径 0.2~1μm	各种热塑性和热固性塑料、食品包装材料
钴绿	氧化钴、二氧化钛、氧化铬	相对密度 4.07~5.52	高温工程塑料
氧化铬绿	重铬酸钠、硫酸	色泽暗绿	相关塑料
铅铬绿	铅铬黄、铁蓝、酞菁蓝	色泽可调,为绿色系列化产品	相关塑料
钴紫	氧化钴、氧化锰、氧化硼	相对密度 2.4~2.9	聚烯径、聚氯乙烯、聚碳酸酯、氨基树脂
锰紫	磷酸铵、二氯化锰等	紫色粉末,相对密度 2.6,平均粒径 0.2~1μm	聚烯径、聚氯乙烯、聚苯乙烯、ABS 树脂、环氧树脂、酚醛树脂
氧化铁棕	铁红、铁黄、铁黑	棕色粉末,相对密度 4.70	相关塑料
铁酸镁和铁酸锌	氧化铁、氧化镁、氧化锌	铁酸镁相对密度 4.4,铁酸锌相对密度 5.2	相关塑料
铬锑钛棕	氧化铬、三氧化二锑、二氧化钛	金红石型晶格颜料,相对密度 4.4~4.9	氟树脂、有机硅改性聚酯、改性丙烯酸树脂
氧化铁黑	硫酸亚铁、氢氧化钠	带墨光黑色粉末,相对密度 4.73	塑料、橡胶
铜铬黑	碱式碳酸铜、重铬酸钠	相对密度 5.3~5.6	聚酯、氟树脂、有机硅树脂、工程塑料
铁钛黑	氧化铁、氧化钛	相对密度 4.0~5.2	耐热工程塑料
锰铁黑	氧化锰、氧化铁	黑色类晶石型晶体,相对密度 5.9~6.0	耐热工程塑料
银粉	铝	银色粉末	金属色调塑料制品
金粉	铜、锌、铝	金色粉末	金属色调塑料制品
锌粉	锌	蓝灰色颗粒粉末	金属色调塑料制品

氮、双偶氮、色淀、酞菁和稠环颜料等几大类。有机颜料的优点是着色力高、色泽鲜艳、色谱齐全、毒性小。缺点是产品的耐光性、耐热性、耐候性、耐溶剂性和遮盖力不如无机颜料。

重要的有机颜料有以下品种。

1. 不溶性双偶氮颜料

分子结构中含有两个偶氮基团。该类颜料的耐热、耐溶剂性能都比较优良,着色浓度高。典型的品种有:联苯胺黄 GP. Y. 12、永固黄 GR P. Y. 13、永固黄 GP. Y. 14、永固黄 HR P. Y. 83、永固桔黄 GP. O. 13、永固橙 F2G P. O. 34 等。

2. 不溶性单偶氮颜料

分子结构中只含有一个偶氮基团，不溶于水。该类颜料耐酸、耐碱、耐渗水性能优良，耐光性一般，但耐热、耐溶剂性能较差。

常用的品种有：耐晒黄 G（汉沙黄 G）P. Y. 1、耐晒黄 10G（汉沙黄 10G）P. Y. 3、永固橙 RN P. O. 5、甲苯胺红 P. R. 3、永固红 F4R P. R. 8、甲苯胺紫红 P. R. 13 等。

该类颜料中耐光、耐热、耐溶剂性能比较好的有：永固红 FRR P. R. 2、永固红 FGR P. R. 112、永固桃红 FBB P. R. 146；永固红 F3RK P. R. 170 等品种，属于中高档颜料。

3. 色淀颜料

水溶性的染料借助某种工艺形成与该染料颜色基本相同的沉淀，用作颜料，称为色淀颜料。特点是色光鲜艳，耐热、耐溶剂性良好，但耐光、耐候性和耐渗水性较差，较少用于耐候性要求高的产品中。

代表性品种主要有：钡盐色淀耐晒大红 BBN，黄光大红 P. R. 48：1，黄光大红 P. R. 243，耐晒艳红 BBC；钙盐色淀蓝光红 P. R. 48：2，耐晒红 BBS；锶盐色淀大红 P. R. 48：3，耐晒深红 BBM；锰盐色淀 P. R. 48：4，金光红 C，黄光大红 P. R. 53 等。

4. 酞菁系颜料

以铜酞菁为主要品种。酞菁类颜料的特点是耐光、耐热、耐酸、耐碱及耐迁移等性能优异，着色力高，而且价格低廉。主要有酞菁蓝和酞菁绿两种。酞菁蓝的主要品种有：酞菁蓝 B P. B. 15、酞菁蓝 BS P. B. 15：1、酞菁蓝 BSR P. B. 15：2、酞菁蓝 BGS P. B. 15：3、酞菁蓝 GLNF P. B. 15：4；酞菁绿 GP. G. 7；酞菁绿 3YP. G. 86。

5. 喹吖啶酮颜料

颜料结构中含有苯并咪唑酮结构，将此系列黄、橙、红、棕品种称作苯并咪唑酮颜料。它是一种高档颜料品种，具有优异的耐迁移性、耐晒性及耐热性能。耐光牢度可达 7～8 级，耐热性超过 250℃。

主要品种有：喹吖啶酮红 1171、1170、1102、P. R. 122（俗称酞菁红）；喹吖啶酮紫 BH101、BH201、400、P. V. 19（俗称酞菁紫）；永固黄 HCR P. Y. 156；永固红 HR P. R. 171；永固棕 HFR 等。

6. 杂环与稠环酮类颜料

具有优异的应用性能，不仅应用于塑料着色，还可用于涂料和油墨等着色，由于其分子结构复杂、成本较高、综合性能优良，可作为高档有机颜料。

常用有机颜料性质与适用范围见表 2-3。

四、溶剂染料

溶剂染料是能够吸收、透射（染料都是透明的）某些波长的光，而不反射其它光的化合物。根据其在不同溶剂中的溶解性能主要分为两类：一类是醇溶染料，另一类是油溶染料。

表 2-3 常用有机颜料性质与适用范围

分类	小类	生产原料	性质	应用领域
单偶氮颜料	耐晒黄	第一组分:2,5-二氯苯胺、4-氯-2-硝基苯胺、2-硝基对苯甲苯胺、2-硝基苯胺;第二组分:3-甲基-1-苯基-5-吡唑酮、乙酰基乙酰间二甲苯胺、乙酰基乙酰苯胺、邻氯乙酰基乙酰苯胺	色黄、带红光和绿光,易迁移、发汗、不耐高温	聚氯乙烯和其他通用塑料
	苯并咪唑酮类单偶氮颜料	5-氨基苯并咪唑酮、双乙烯酮、BON 酸、取代芳胺	颜色从黄到红,渗色性小,耐热性中等	适应一般树脂的成型加工
	单偶氮类色淀	2-萘酚、BON 酸、萘酚磺酸、2-羟基-3-萘甲酰胺、乙酰基乙酰芳胺		聚氯乙烯及其他热塑性塑料
双偶氮颜料	联苯胺黄类	多取代联苯胺、取代双乙酰苯胺	柠檬黄色粉末、耐热温度≥170℃,耐晒 7 级	相关塑料
	永固黄类	3,3'-二氯联苯胺、邻甲基乙酰基乙酰苯胺、色酚 AS-IRC、色酚 AS-G 等	黄色粉末、遮盖力强	塑料、乳胶、橡胶
缩合偶氮颜料	大分子黄类	间硝基苯胺、双乙酰对苯二胺、2-硝基-4-甲基苯胺	黄色粉末、带红光和绿光	聚氯乙烯、聚乙烯、聚丙烯、不饱和聚酯、橡胶制品
酞菁颜料	酞菁蓝	邻苯二甲腈、氯化亚铜;邻苯二甲酸酐、尿素、无水氟化亚铜	深蓝色粉末,色彩鲜艳,常见的有 α 和 β 晶型	聚烯烃、聚氯乙烯、聚苯乙烯、聚碳酸酯、丙烯酸树脂、ABS 树脂、酚醛树脂、环氧树脂、氨基树脂、纤维素树脂等许多塑料
	酞菁绿	酞菁蓝、氧化铝、一氧化硫、氯磺酸	艳绿色粉末,耐热性更佳	聚烯烃、聚氯乙烯、聚苯乙烯、聚碳酸酯、丙烯酸树脂、ABS 树脂、酚醛树脂、环氧树脂、氨基树脂、纤维素树脂等许多塑料
盐基染料色淀	橡胶绿 2B	碱性绿、单宁酸、铝钡白	蓝光绿色粉末,色泽鲜艳,渗圈无色	橡胶及其制品
	耐晒玫瑰红	碱性玫瑰精,磷钨钼酸	艳红光紫色粉末	相关塑料
喹吖啶酮颜料	喹吖啶酮红	丁二酸二乙酯、醇钠、盐酸、苯胺盐酸盐、间氨基苯磺酸	红色粉末、色泽鲜艳	塑料、树脂、橡胶、有机玻璃
	喹吖啶酮紫	丁二酸二乙酯、醇钠、苯胺	艳紫色粉末、色光鲜艳	相关塑料
二恶嗪颜料	咔唑二恶嗪紫	咔唑、氯化烷、四氯苯醌	蓝色紫光粉末	塑料
氯代酮	异吲哚啉	伯二氨、四氯异吲哚啉酮-1	黄、橙、红色品种	塑料、软质聚氯乙烯、高档涂料
还原染料	靛蓝	苯胺、氯乙酸、硫酸铁、氨基钠	蓝色粉末	
	硫靛桃红	邻甲苯胺、一氯化硫、氯乙酸、氰	桃红色粉末	
	蓝蒽酮	2-氨基蒽醌、保险粉	蓝黑色粉末	
	还原橙 GR	萘四甲酸、邻苯二胺、冰醋酸	橙红色粉末	

续表

分类	小类	生产原料	性质	应用领域
分散染料	分散红 3B	氨基蒽醌、溴、发烟硫酸、硼酸	紫红色均匀粉末	
	分散紫 H-FRL	氨基蒽醌、氯化硫酰、苯酚	红棕色颗粒或粉末	
	分散黄 3G	环丁砜、苯酐、溴、乙醇	橙黄色粉末	
炭黑	高级色素		黑度值100～150	特别高黑度特殊用途塑料制品
	中级色素		黑度值160～180	中级黑度、紫外线屏蔽制品
	通用色素		黑度值210～240	塑料最经济填料
	低级色素		黑度值240～290	一般的黑度，塑料盆、废物箱
	特殊炭黑		黑度值170～210	导电塑料
	调色用炭黑		黑度值290～700	淡色调色用，相关塑料填料

溶剂染料的特点是着色力高，色彩鲜艳，光泽强，主要用于苯乙烯类与聚酯聚醚类的塑料制品着色，一般不用于聚烯烃类树脂的着色。

主要品种如下。

蒽醌类溶剂染料：如 C.I. 溶剂黄 52#、147#，溶剂红 111#，分散红 60#，溶剂紫 36#，溶剂蓝 45#、97#；

杂环类溶剂染料：如 C.I. 溶剂橙 60#，溶剂红 135#，溶剂黄 160：1 等。

五、金属颜料

银粉实际上是铝粉，分为银粉和银浆两大类，银粉可以反射蓝色光，带蓝相色光，在调色中主要注意粒径大小，看银粉在颜色样板中的粗细，是否粗细搭配而成的，再估计数量。

金粉即铜锌合金粉，铜多为红金粉，锌多为青金粉，着色效果因颗粒粗细不同而异，调色时也是看粗细，或是粗细搭配。

六、珠光颜料

珠光颜料是采用云母为基材，在云母表面涂覆一层或多层高折射率的金属氧化物透明薄膜而成，一般是在云母钛晶片上涂覆二氧化钛层。

主要有银白色系列，珠光金色系列，幻彩珠光系列。珠光颜料具有耐光、耐高温、耐酸碱、不褪色、不迁移、易分散、安全无毒的特点，被广泛应用于塑料制品中，特别是高档化妆品包装等产品。

1. 珠光银白

在调色时主要是区分粗细。

微尘级（M级）：约1200～1500目大小，具有细腻光泽，遮盖力强；

细粉级（F级）：约1000～1200目大小，具有绸缎般光泽，遮盖力强；

普通级（N级）：约600～800目大小，具有珍珠光泽，遮盖力好；

闪亮级（S级）：约400～600目大小，具有金属闪烁光泽，遮盖力较好；

超闪级（L级）：约120～200目大小，具有耀眼的闪烁光泽，遮盖力较弱。

总的来说，珠光颜料粒径大的具有金属光泽，闪烁效果好；粒径小的能发出绸缎一样的柔和光泽，调色时根据样板颜色选择粒径大小或粗细搭配。

2. 珠光金色

金色珠光粉相对于金属颜料红金、青金粉等，具有较高的耐温性，遮盖力弱于金粉，因此在调色中可以与透明的有机颜料、炭黑、群青等混合搭配使用。主要品种有红金色、黄金色、青金色、艳金色等。

七、幻彩珠光颜料

幻彩珠光颜料是在云母钛珠光颜料的生产过程中，通过调节涂覆表面的厚度与层次来获得不同干涉色相的彩色珠光颜料，能随观察者的不同角度呈现出不同颜色，行业内称为幻彩或虹彩。主要的品种如下。

红珍珠：正面红紫色，侧面黄色；

蓝珍珠：正面蓝色，侧面桔色；

珍珠金：正面金黄色，侧面淡紫色；

绿珍珠：正面绿色，侧面红色；

紫珍珠：正面淡紫色，侧面绿色；

白珍珠：正面黄白色，侧面淡紫色；

紫铜珍珠：正面红紫铜色，侧面绿色。

不同厂家生产的产品会有不同的干涉色相，在调色中，要熟悉各种干涉颜料的正侧面变化与粗细，才能掌握幻彩珠光的调色技巧。

八、荧光颜料

荧光颜料是一种除了反射颜料本身色相的光，还反射一部分荧光的颜料，具有很高的光亮度，比普通颜料、染料具有更高的反射光强度，显得鲜艳夺目。

荧光颜料主要分为无机荧光颜料与有机荧光颜料。无机荧光颜料如锌、钙等硫化物经过特殊处理后，能够吸收日光等可见光的能量，并将其贮存，在黑暗处又能重新释放出来。有机荧光颜料除了可吸收一部分可见光外，还吸收一部分紫外光，并将它转变成为一定波长的可见光释放出来。

常用的荧光颜料有荧光黄、荧光柠檬黄、荧光桃红、荧光橙红、荧光橙黄、荧光艳红、荧光紫红等，在选择色粉时要注意其耐热性。

九、增白剂

荧光增白剂是一种无色或浅色的有机化合物，能吸收肉眼看不到的紫外光，反射蓝紫色光，从而弥补基材本身所吸收的蓝光来达到增白效果。在塑料调色中，添加量一般为 0.005％～0.02％，在具体的塑料类别中有所不同，如果添加量过大，使增白剂在塑料中达到饱和后，其增白效果反而下降，同时成本增加。

常用的增白剂品种如下。

1. OB 系列

OB 系列有 OB、OB-1、OB-4、OB-F、OB-16、OB-100。

OB、OB-100 广泛应用于 PVC、PS、PP、PE 等塑料着色，具有良好的稳定性、优越的荧光增白效果，同时添加量少，已成为国内普遍采用的荧光增白剂之一。OB-1、OB-F 与 OB-16 适用于 ABS、PS、HIPS、PA、PC、PP、EVA 和硬质 PVC 等塑料着色。OB-4 特别适用于 PVC 和聚乙烯系列产品，是一种高纯度的增白剂，也可用于 PS、PP、PE 等塑料中。

2. KCB

KCB 主要用于合成纤维与塑料制品的增白，对有色塑料制品有明显的增艳效果，具有极高的增白效果，呈鲜艳蓝亮白色光，广泛用于 PE、PP、PVC、PS、ABS 等塑料中。

3. KSN

KSN 适用于所有塑料，具有用量小效果好的特点，是目前增白剂市场中特优的品种，色光蓝紫，稳定性好、耐晒性优良。

第二节

颜料物理性能与检测指标

调色时，一切要以客户满意为基准，同时还要降低成本，为公司与客户创造价值。

在调配色之前，首先要明白塑料制品的用途、使用环境、成型工艺与环保方面的标准。比如塑料制品的用途，是电器、玩具还是食品包装等；是室内使用的，还是室外使用的；对耐候性、耐酸碱性有没有特殊要求。所选用塑料的成型工艺温度范围是中温还是高温。环保方面是符合 ROHS、还是美国 ASTM、欧洲 EN71 玩具电器标准。食品包装方面有美国 FDA、欧洲 EEC 与日本食品 JHPA 等标准（主要是重金属的检测）。

然后根据要求选择颜料，尽量以几种较低价格颜料的组合来达到较高价格颜料的着色效果，调配出既要符合客户要求，又有竞争力的颜色配方来。所以针对被着色对象的要求，需要建立颜料产品的物理化学性能等质量指标。具体项目有：着色力、分散性、耐候（晒）性、耐热性、化学稳定性、耐迁移性、环保性能、遮盖力、透明性。这些指标在购买色粉原料时厂家一般可以提供。

一、着色力

着色力的大小决定着着色剂的用量。着色力愈大，颜料用量愈少，成本愈低。着色力与颜料本身特性相关，与其粒径大小也有关系。由于塑料制品着色是用机械的方法使颜料以高度分散的微粒状态均匀分布于制品内部和表面从而达到着色目的，所以一般来说，着色力随着颜料粒径的减小而增加。有机颜料的着色力比无机颜料的高。目前，超细有机颜料得到了广泛的应用。颜料的着色力与遮盖力无关，较为透明的（遮盖力低的）颜料也能有很高的着色力。

二、分散性

颜料的分散情况对着色影响甚大，分散不良可引起色调异常。颜料在树脂中必须以微粒子状态均匀分散，才有良好的着色效果。由于颜料含有很多聚集粒子，因此，必须用高剪切力打碎大聚集体，形成小的聚体，从而达到要求的粒子细度，获得理想的光学效果。一般色粉原料采购回来后，采用对颜料进行表面处理、添加其他助剂如扩散粉、扩散油、对原色粉进行打粉加工与过筛等方法，获得均匀的颜料聚集体，改善颜料的分散性。

三、耐候（晒）性

耐候性指颜料在大自然的条件下的颜色稳定性，也指日晒牢度，分为1~8级，8级最稳定。根据产品的使用环境与要求来选择色粉。一般来说，无机颜料光稳定性比较好，在有机着色剂中，酞菁系、喹吖啶酮系、异吲哚啉酮系颜料的耐晒性十分优异，可以与无机颜料相比。

四、耐热性

热稳定性能是塑料着色剂的重要指标。无机颜料的耐热性都比较好，基本能够满足塑料加工要求；有机颜料的耐热性比较差。由于各种树脂的化学结构不同，所以在加工成型过程中的加热温度（软化点以上）也不同，温度的高低影响着着色剂的选择。在选择色粉时要根据塑料原料的成型温度来选用。一般要求颜料的耐热时间为4~10min，通常使用温度越高，耐热时间越短。如酞菁蓝颜料耐温325℃，10min变色。

五、化学稳定性

由于塑料的使用环境不同，故要充分考虑着色剂的耐化学药品性能（耐酸、耐碱、耐油、耐溶剂）。PVC及其他含氯聚合物容易分解产生氯化氢，对着色剂的着色效果和耐色牢度可能产生较大的影响，因此，PVC及其他含氯聚合物制品必须使用耐酸型着色剂；某些塑料制品中的添加剂组分，如抗氧化剂、防紫外线剂、阻燃剂和分散剂等对颜料的影响也不容忽视。

六、耐迁移性

颜料的耐迁移性是指着色塑料制品与其他固、液、气等状态物质长期接触或者在某种特定环境下工作，有可能和上述物质发生物理和化学作用，表现为颜料从塑料内部迁移到制品的表面上，或迁移到相邻的塑料或溶剂中，主要有三种表现类型。

（1）溶剂渗出　制品着色后在水和有机溶剂中渗色。

（2）接触迁移　制品着色后与其他物体接触会造成相邻的物体污染。

（3）表面起霜　在着色加热时，着色颜料在树脂中的溶解度较大发生迁移而形成像霜一样的结晶。

一般来说，无机颜料在聚合物中的分散是非常均匀的，不会产生起霜现象，而有机颜料在聚合物和其他有机物中都有不同程度的溶解，比较容易发生迁移。有机颜料迁移的难易程度与聚合物和其他添加剂（尤其是增塑剂和软化剂）的种类有很大关系。

色粉耐迁移性评级标准：1级，严重迁移；2级，显著迁移；3级，有迁移；4级，轻微迁移；5级，无迁移。

七、环保性能

随着国内外环保法规日趋严格，许多制品对塑料着色剂的毒性提出严格要求，着色剂的毒性问题愈来愈引起人们关注。美国等国家已明确限制使用重金属，包括镉、铅、硒等着色剂。在选择颜料品种时，一定要注意重金属含量与安全毒性，要控制好符合环保标准的安全用量。

八、遮盖力

颜料的遮盖力指颜料遮盖光的透射能力的大小，也就是说当色粉的折射力强时，能够使光不透过被着色的物体的能力。颜料的遮盖力与折射率、结晶类型、粒径大小等有关。如在遮盖力差的原料中加入钛白粉或炭黑，会使遮盖力提高。

九、透明性

遮盖力强的色粉透明性肯定差，无机颜料一般不透明，染料一般是透明的。在调配全透明制品时要选用透明的色粉，其它制品可以根据透明程度来选择透明色粉与其它色粉组合。对于不透明的制品也可以选用透明色粉，只要考虑到色相与着色力，再与其它不透明的色粉组合即可。

十、新进色粉的检测方法

调色企业一般建有自己的色谱库，常用的方法有：①将各种原色粉按相同的质量打板，以观察色相、着色力；②用原色粉加入相同比例的钛白粉打板，来观察色相与着色力。一般测试软胶用色粉使用同一品牌的 PP 原料，测试硬胶用色粉使用同一牌号的 ABS 原料进行打板，并留底样保存。当新采购色粉原料回来时，用相同比例与质量的色粉和相同树脂、相同成型工艺温度进行打板，并与留底保存的旧样进行对比，观察新进色粉原料的着色力、色光、分散性等指标。如有差异，要加入少量其它色粉进行微调，再按微调好的配方按比例加入整批色粉中，从而保证新进色粉与原使用色粉性能的一致性，这样才能保证产品颜色的稳定。

第三节
颜料的命名方法

有机颜料可根据化学结构来命名，此名称叫做学名，学名由三部分组成：冠首、色称和字尾。

冠首说明颜料所属类别，如酞菁蓝 G。酞菁是冠首，代表该着色剂是酞菁类；色称，表示颜料的色泽，如酞菁蓝中的蓝就是色称；字尾，通常以一定的符号和数字来表示，说明其色光形态牢度和用途等。字母之前的数字或重复使用字母，可说明颜色深的深度，如耐晒大红 BBN；酞菁蓝 4GN 较酞菁蓝更蓝，2B 较更蓝，5R 较 R 更红，其中，5 级为这个色相的代表色，如 5R（指纯红）但是由于各种厂家的标准不同，即使两厂所用同一类别、同一颜色、甚至同一化学结构的染料其色光符号也很难相互比较，如一个厂的 4R 不一定比另一个厂的 2R 更红。常见调色用颜、染料商品名称字尾的英文字母代表的意义，如表 2-4 所示。

表 2-4　常见调色用颜、染料商品名称字尾的英文字母代表的意义

字母	相对应英文	代表意义	字母	相对应英文	代表意义
R	Red	带红光	V	Violet	带紫光
B	Blue	带蓝光、青光	F	Fluorescence	荧光
G	Green	绿光或黄光	H	High concentration	高浓度
O	Orange	带橙光	C	Colorful	鲜艳
Y	Yellow	带黄光	M	Mixture	指混合物

染料索引（C. I.）是一部由英国染色家协会（SDC）和美国纺织化学与染色家协会（AATCC）合编出版的国际性染料、颜料品种汇编。它收集了世界各国主要的染料厂生产的商品，分别按应用和化学结构类别，对每一个染料给予两个编号，即结构分类号与应用分类号。

该索引按颜（染）料的应用性能分为 20 大类，如蒽醌、靛类、油溶、醇溶、偶氮、还原、酸性、直接、分散等。再将每大类的颜料、染料，按颜色划分成 10 个类别：红、橙、黄、绿、蓝、紫、棕、灰、黑、白。

中英文简写表示为：颜料红（PR）、颜料橘黄（PO）、颜料黄（PY）、颜料绿

（PG）、颜料蓝（PB）、颜料紫（PV）、颜料棕（PBr）、颜料黑（PBk）、颜料白（PW）和金属颜料（PM）十大类。然后再在同一个颜色下，对不同染料品种编排序号，称为"染料索引应用类属名称编号"；对已明确化学结构的颜、染料品种，按其化学结构分类，分别编予"染料索引化学结构编号"；如耐晒黄 G，染料索引号为 C.I.Pigment yellow 1，化学结构分类号为（C.I.NO.11680），一般直接叫 1♯黄。联苯胺黄 10G，染料索引号为 C.I.Pigment yellow 81，结构号为（C.I.NO.21127），生产中一般直接叫 81♯黄。

为了查找化学组成，又另编有结构编号，如钛白为 PW-6C.I.77891，酞菁蓝是 PB15C.I.74160，这样可使颜料的制造者和应用者能查明所列入的颜料的组成及化学结构，因此在国际颜料进出口贸易业中均已被广泛采用。

中国的颜料国家标准 GB/T3182—1995，也是采用颜色分类，每一种颜料的颜色有一标志，如白色为 BA，红色为 HO，黄色为 HU，再结合化学结构的代号和序号，组成颜料的型号，如金红石型钛白 BA-01-03、中铬黄 HU-02-02、氧化铁 HO-01-01、锌钡白 BA-11-01、甲苯胺红 HO-2-01、酞菁蓝 BGS LA-61-02 等。

第四节
常用色粉的 C.I. 编号与化学特性

目前国内厂家对有机颜料商品名称还没有统一的命名，多采用国外相关公司的商品名称进行意译（如耐晒、永固、坚牢、联苯胺、喹吖啶酮）等。下面以适用范围为原则，对常用色粉的物理化学性能进行介绍，同时与 C.I. 色粉编号名称相对照。

一、适用于软胶的有机颜料色粉

常用的适用于软胶（以 PP 为代表）的有机颜料色粉的物理化学性能见表 2-5。

表 2-5 常用的适用于软胶（以 PP 为代表）的有机颜料色粉的物理化学性能

色粉原料颜色	颜料索引号（C.I.）	商品名称	化学结构	耐晒性/级	耐热性/℃	色相色光
红色系列颜料	颜料红 38	Vulcan Fast Red B	联苯胺双偶氮	6	200	正红色
	颜料红 48：1	永固红 2B	偶氮色淀	6	240	黄光红色
	颜料红 48：2	永固红 2B 或耐晒艳红 BBC	偶氮色淀	6	240	蓝光红色
	颜料红 48：3	永固红 2B 或耐晒大红 GS 或耐晒红 BBS	偶氮色淀	6	240	蓝光红色
	颜料红 57：1	立索尔宝红 JHR-5711 或宝红 BK（4B）或洋红 6B	偶氮色淀	5	250	蓝光红色
	颜料红 122	喹吖啶酮红或颜料红 122	喹吖啶酮	8	300	蓝光红色

续表

色粉原料颜色	颜料索引号（C.I.）	商品名称	化学结构	耐晒性/级	耐热性/℃	色相色光
红色系列颜料	颜料红 144	大分子红 BR 或有机红 BR	偶氮缩合	7	300	蓝光红色
	颜料红 166	大分子红 R	偶氮缩合	8	300	黄光红色
	颜料红 187	Red HF4B	偶氮 AS 色淀	8	260	蓝光红色
	颜料红 208	Red HF2B	苯并咪唑西酮偶氮	7	250	
	颜料红 53：1	金光红 C	偶氮色淀	3	260	黄光红色
	颜料红 247	PV Red HB	偶氮 AS 色淀	7	300	蓝光红色
黄色系列颜料	颜料黄 13	联苯胺黄 GR 或永固黄 GR	联苯胺双偶氮	8	200	正黄色
	颜料黄 17	联苯胺黄 2G 或永固黄 2G	联苯胺双偶氮	7	200	绿光黄
	颜料黄 62	永固黄 GR	偶氮色淀钙盐	7	260	黄中略带红光
	颜料黄 83	永固黄 HR	联苯胺双偶氮	7	200	红光黄色
	颜料黄 93	黄 3G	偶氮缩合	8	280	绿光黄色
	颜料黄 109	黄 2GLT	异吲哚啉酮	8	300	鲜艳的绿光黄色
	颜料黄 110	黄 3RLT	异吲哚啉酮	8	300	红光黄色
	颜料黄 120	黄 H2G	苯并咪唑酮偶氮	8	260	
	颜料黄 138		喹酞酮	8	260	鲜艳的绿光黄色
	颜料黄 139		异吲哚啉酮	8	240	红光黄色
	颜料黄 168	永固黄 GRO	偶氮色淀钙盐	7	240	绿光黄色
	颜料黄 180	颜料黄 180	苯并咪唑酮偶氮	6	290	绿光黄色
	颜料黄 181		苯并咪唑酮偶氮	8	300	红光黄色
	颜料黄 183		偶氮色淀钙盐	5	300	红光黄色
	颜料黄 191	坚牢黄 HGR	偶氮色淀钙盐	7	300	红光黄色
蓝色系列颜料	颜料蓝 15	酞菁蓝 B 或 BX	酞菁	8	300	红光蓝相
	颜料蓝 15：1	酞菁蓝 BS	酞菁	8	300	绿光蓝相
	颜料蓝 15：3	酞菁蓝 BGS	酞菁	8	300	绿光蓝相
	颜料蓝 60	Indanthrene Blue	蒽醌	8	300	红光蓝色
橙色系列颜料	颜料橙 13	永固橘黄 G	联苯胺双偶氮	5	200	鲜艳的黄光橙色
	颜料橙 34	永固橙 RL	联苯胺双偶氮	6	200	鲜艳的黄光橙色
	颜料橙 38		偶氮 AS 色淀	7	280	黄光红色
	颜料橙 43	永固橙 GR	蒽醌	8	280	红光橙色
	颜料橙 64		苯并咪唑酮偶氮	7	300	红光橙色
	颜料橙 71		二酮-吡咯-吡咯	8	300	黄光橙色
	颜料橙 72		苯并咪唑酮偶氮	8	290	黄光橙色
	颜料橙 64		苯并咪唑酮偶氮	8	300	
绿色颜料	颜料绿 7	酞菁绿 G	酞菁	8	300	绿光蓝色
	颜料绿 36	酞菁绿 6G 或黄光酞菁绿	酞菁	8	300	黄光绿相
紫色颜料	颜料紫 19	喹吖啶酮紫 BH-E5B	喹吖啶酮	8	300	蓝光红紫、蓝光黄紫
	颜料紫 23	永固紫 RL	二噁嗪	8	280	红紫、蓝紫
	颜料紫 37		二噁嗪	8	260	红光紫
棕色颜料	颜料棕 23	大分子棕 5R	偶氮缩合	7	260	棕红色
	颜料棕 25	棕 HFR	苯并咪唑酮偶氮	8	290	红棕色
	颜料棕 41		偶氮缩合	8	300	黄光棕色

二、 适用于硬胶的有机颜料色粉

常用的适用于硬胶（以 ABS 为代表）的有机颜料色粉物理化学性能见表 2-6。

表 2-6　常用的适用于硬胶（以 ABS 为代表）的有机颜料色粉物理化学性能

色粉原料颜色	颜料索引号（C.I.）	商品名称	化学结构	耐晒性/级	耐热性/℃	色相色光
红色系列颜料	颜料红 48：3	永固红 2B 或耐晒大红 GS 或耐晒红 BBS	偶氮色淀	6	290	蓝光红色
	颜料红 122	喹吖啶酮红或颜料红 122	喹吖啶酮	8	270	蓝光红色
	颜料红 144	大分子红 BR 或有机红 BR	偶氮缩合	8	300	蓝光红色
	颜料红 166	大分子红 R	偶氮缩合	8	260	黄光红色
	颜料红 175		苯并咪唑酮偶氮	8	290	暗红色
	颜料红 187	Red HF4B	偶氮色淀	8	300	蓝光红色
	颜料红 214		偶氮缩合	7	300	蓝光红色
	颜料红 247	PV Red HB	偶氮 AS 色淀	7	300	
	颜料红 254		二酮-吡咯-吡咯	7	260	透明正红色
	颜料红 264		二酮-吡咯-吡咯	8	280	透明蓝光红色
黄色颜料	颜料黄 93	颜料黄 TY-0993-3G	偶氮缩合	7	240	
	颜料黄 110	黄 3RLT	异吲哚啉酮	6	260	红光黄色
	颜料黄 120		苯并咪唑酮偶氮	8	250	
	颜料黄 180	颜料黄 180	苯并咪唑酮偶氮	7	290	绿光黄色
	颜料黄 181		苯并咪唑酮偶氮	8	280	红光黄色
	颜料黄 183		偶氮色淀钙盐	5	300	红光黄色
	颜料黄 191	坚牢黄 HGR	偶氮色淀钙盐	7	300	红光黄色
	颜料黄 214		苯并咪唑酮偶氮	8	300	
蓝色颜料	颜料蓝 15：1	酞菁蓝 B	酞菁	8	270	绿光蓝相
	颜料蓝 15：3	酞菁蓝 BGS	酞菁	8	300	绿光蓝相
橙色颜料	颜料橙 43	橙 GR	蒽醌	8	290	
	颜料橙 61		异吲哚啉酮	8	260	
	颜料橙 64		苯并咪唑酮偶氮	7	250	红光橙色
	颜料橙 68		偶氮络合	7	300	红光橙色
	颜料橙 72		苯并咪唑酮偶氮	8	290	
绿色颜料	颜料绿 7	酞菁绿 G	酞菁	8	290	绿光蓝色
	颜料绿 36	黄光酞菁绿	酞菁	8	300	黄光绿相
紫色颜料	颜料紫 19	喹吖啶酮紫	喹吖啶酮	8	300	蓝光红紫、蓝光黄紫
	颜料紫 23	永固紫 RL	二噁嗪	8	280	红紫、蓝紫
棕色颜料	颜料棕 23	大分子棕 5R	偶氮缩合	7	260	棕红色
	颜料棕 25	棕 HFR	苯并咪唑酮偶氮	8	290	红棕色
	颜料棕 41		偶氮缩合	8	300	黄光棕色

三、 部分染料品种的物理化学性能

部分染料品种的物理化学性能见表 2-7。

表 2-7　部分染料品种的物理化学性能

染料索引号 （C.I.）	化学结构	色相色光	耐晒性 /级	耐热性 /℃	适用塑料					
					PC	PA	ABS	PS	POM	PET
溶剂红 111	蒽醌	黄光红色	6	280	√	√	√	√	√	√
溶剂红 135	萘环酮	黄光红色	7	280	√	√	√	√	√	√
溶剂红 179	氨基酮类	黄光红色	6	300	√	√	√	√		√
溶剂黄 93	吡唑啉酮	中黄色	7	300	√	×	×	√		√
溶剂黄 114	喹啉类	红光黄色	8	270	√	×	√	√		√
溶剂黄 145	甲川类	绿光荧光黄	6	300	√	√	√	√	×	×
溶剂蓝 45	蒽醌	红光蓝	7	300	√	×	√	√		√
溶剂蓝 97	蒽醌	红光蓝	6	300	√	×	√	√		√
溶剂蓝 104	蒽醌	红光蓝	6	300	√	×	√	√		√
溶剂蓝 122	蒽醌	红光蓝	7	300	√	×	√	√		√
溶剂橙 60	蒽醌	黄光橙	8	280	√	√	√	√		√
溶剂绿 3	蒽醌	蓝光绿	7	300	√	√	√	√		√
溶剂绿 28	蒽醌	黄光绿	8	300	√	√	√	√		√
溶剂紫 13	蒽醌	蓝光紫	7	300	√	√	√	√		√
溶剂紫 36	蒽醌	红光紫	7	300	√	×	√	√		√
溶剂棕 53	甲亚胺型	暗红棕	7	300	√	×	√	√		√

注：表中√为推荐使用，×为不能使用。

四、主要无机颜料的物理化学性能

主要无机颜料物理化学性能见表 2-8。

表 2-8　主要无机颜料物理化学性能

颜料索引号 （C.I.）	商品名	色相色光	耐热性 /℃	耐晒性 /级	适用塑料						
					软胶			硬胶			
					PP	PE	PVC	PC	ABS	PS	PET
颜料白 6	钛白	黄光白,蓝光白	300	8	√	√	√	√	√	√	√
颜料黑 7	炭黑	蓝光黑,黄光黑	300	8	√	√	√	√	√	√	√
颜料黑 11	氧化铁黑	蓝墨黑色	300	8	√	√	√	√	√	√	√
颜料黑 28	铜铬黑	黄光黑色	300	8	√	√	√	√	√	√	√
颜料红 101	氧化铁红	暗红色	400	8	√	√	√	√	√	√	√
颜料红 104	钼铬红	红光橙色	280	7	√	√	√	×	√	√	×
颜料红 108	镉红		400	7	√	√	×	√	√	√	√
颜料黄 24			400	8	√	√	√	√	√	√	√
颜料黄 34	铬黄	柠檬黄,桔黄	260	7	√	√	√	×	√	√	×
颜料黄 35	镉黄	正黄、红黄	400	6	√	√	×	√	√	√	√

颜料索引号 （C. I.）	商品名	色相色光	耐热性 /℃	耐晒性 /级	适用塑料						
					软胶			硬胶			
					PP	PE	PVC	PC	ABS	PS	PET
颜料黄 53	钛镍黄	红光黄	300	8	√	√	√	√	√	√	√
颜料黄 164	锰铁钛	黄棕色	300	8	√	√	√	√	√	√	√
颜料黄 184	钒酸铋黄	柠檬黄色	300	8	√	√	√	√	√	√	√
颜料蓝 28	钴蓝	红光蓝色	300	8	√	√	√	√	√	√	√
颜料蓝 29	群青	红光蓝色	400	8	√	√	√	√	√	√	√
颜料绿 17	铬绿	橄榄球色	300	8	√	√	√	√	√	√	√
颜料紫 15	群青紫	红光紫	280	8	√	√	√	√	√	√	√
颜料紫 16	锰紫	红紫色相	250	8	√	√	√	√	√	√	×
颜料棕 24		红光黄棕	1000	8	√	√	√	√	√	√	√
颜料棕 29			300	8	√	√	√	√	√	√	√
颜料棕 33	锌铁铬棕	红棕色	320	8	√	√	√	√	√	√	√
颜料棕 43	氧化铁棕	啡色	300	8	√	√	√	√	√	√	√

注：表中√为推荐使用，×为不能使用。

五、常用颜料原料色相和色光分析

在实际调色中，所用的着色颜料不可能是极其纯正的三原色，也不太可能正好是所需要的某一纯正的颜色，通常总是或多或少地带有某些近似的色相，要达到某一给定的色样，总是少不了要用多种着色颜料相拼配。这就要求我们调色技师对各种颜料的色相、色光有相当的了解。

在调色中要仔细分辨各种色粉原料的色相色光，如红色系列有偏黄的红与偏蓝的红（带紫光）；蓝色系列有青蓝（绿光蓝）与红光蓝，有透明的有不透明的；黄色系列有偏红的与偏绿的黄（青口黄）；紫色有红相与蓝相（也就是偏红的紫与偏蓝的紫）；橙色有橙红与橙黄；绿色也有偏蓝的绿与偏黄的绿色原料；荧光红系列有偏红的，偏黄的，偏紫的；荧光黄有偏绿的如荧光柠檬黄，偏黄的如荧光黄 3G；另外再根据各种色粉的着色力呈现出各种不同浓度与深浅的色粉原料。

在选择色粉时，要根据色粉各种特性如耐温性、分散性、色相、着色力、透明度（遮盖力）等指标与适用的树脂原料相匹配，总之要符合客户要求。然后再根据调色技巧与拼色原理，进行色粉的组合与搭配，力求用低成本的配方，调配出合格的颜色，并且各方面都能达到客户的要求。

第五节
常用塑料色粉的改性加工方法

颜料的应用是将微细粒子与被着色的物质进行充分的机械混合，使颜料粒子均匀地分散到被着色的物质中，达到着色的目的。所以颜料在塑料中以什么状态存在直接影响了颜料的性能。颜料的三个重点指标就是分散性、色相与耐热性。

颜料分子的化学结构与物理形态如晶型、粒径大小对颜料的性能、颜色等起决定性的作用。有机颜料的色光主要与其分子结构以及晶体构型有关。另外，颜料的加工工艺过程以及颜料颗粒的表面状态由于会影响到颜料在树脂中的分散性能，因而也会对最终制品的色光有一定影响。

颜料在塑料中的分散就是塑料团聚体破碎成为凝聚体的过程。颜料分散不好，或因颜料未经表面处理而引起的凝聚体再团聚会导致着色后存在大量颜料团聚体。这种颜料团聚体不仅会使颜料的色彩色相产生变化，对其色光、着色力、遮盖力、透明度等产生显著影响，而且对塑料基体的物理机械性能、表面光洁度都有影响。

颜料的改性加工过程主要就是通过化学、物理方法与添加助剂来改变颜料的粒径大小，提高着色力，增加分散稳定性。

一、化学处理方法

颜料化学加工方法主要有：溶剂处理、水-油转相法、水-气转相方法、无机酸处理法。

1. 溶剂处理

主要用于偶氮颜料，只需将粉状或膏状等粗颜料与适当有机溶剂在一定温度下搅拌一段时间，即可提高耐热性、耐晒性和耐溶剂性，增大遮盖力。溶剂的选择取决于颜料的化学结构。比如分子中含有苯并咪酮类的偶氮颜料，其粗颜料颗粒坚硬，着色力低，采用强碱性溶剂如 DMF（二甲基甲酰胺）加工后，颜料性能明显提高。

2. 水-油转相法

一般颜料都是由水-颜料体系经过干燥粉碎后得到的，在制造过程中利用有机颜料的亲油疏水性，将分散在水中很细的颜料粒子高速搅拌，加入到与水不相溶的有机高分子中（油相），颜料粒子便渐渐由水中转入油相中，再蒸除油相中的少量水分，获得油相膏状物，经高速搅拌剪切后即成色粉颗粒，经过这种挤水换相，颜料的分散性、鲜艳度、着色力均有提高。

3. 水-气转相方法

在颜料的水介质分散体中，吹入某种惰性气体，气体被颜料吸附，或者颜料被吸附在小气泡的表面上，成为泡沫漂浮在液面上，而粗大的颗粒则沉到底部。把浮在液面上的泡状部分分离出来烘干，可得较松软的颜料。这种方法借用气体来变相转换，得到的颜料分散性好。

4. 无机酸处理法

无机酸处理法中应用最多的是硫酸，分为酸溶法、酸浆法和酸研磨法，主要应用于铜酞菁颜料。

二、物理处理方法

物理加工方法主要是机械研磨剪切法。

对于粒子过小的色粉原料可用溶剂处理，使其结晶进一步增大，而对于粒子过大的颜料则需要进行粉碎来减少凝聚作用增加分散性。

根据颜料的分散性能，有必要进行筛粉工艺的，针对各种颜料原料的分散性能，对研磨或剪切后的颜料原料进行 80～400 目的机械过筛，可以保证色粉粒径的一致，明显增加色粉的分散性能，减少塑料制品的色斑、色痕、色条纹的出现。在无纺布的着色生产中，还能减少甚至避免断丝的情况。

三、表面预处理方法

为了改进颜料的分散性与润湿性，往往要对颜料表面进行预处理。颜料的分散有三个过程：润湿、分散与稳定。

1. 润湿

颜料表面的水分、空气被溶剂所置换称为润湿。颜料是一个聚集体，溶剂需要渗入到颜料的空隙。在拌料时要注意颜料和溶剂的加入顺序，要先加入溶剂拌匀后再加颜料。塑料拌料常用的溶剂有白矿油等，起吸附与润湿作用。

2. 分散与稳定

制品的颜色强度依赖颜料在其中的分散程度。由于研磨后的颜料粒径较小，颜料总表面积增加，颗粒间相互黏附的趋势增大，使得已经细化的粒子很容易重新团聚，这会影响最终制品的颜色品质。加入分散剂是改善这种情况的有效方法。分散剂包覆在颜料粒子表面，起到阻止颜料粒子重新团聚的作用。在颜料应用于介质中时，分散剂能使颜料粒子均匀的分散到介质中，从而获得较好的颜色品质。

颜料在树脂中分散以后，仍会有相互聚集和发生沉降的倾向或直接迁移。在色粉改性中添加偶联剂、相容剂、扩散剂、扩散油等可以降低介质的表面张力和介质与颜料间的界面张力，增加色粉在树脂中的分散性与稳定性。

四、色粉着色力的处理方法

在塑料调色中，因为各种色粉原料的着色力很高，调配拼色时往往只需要很少的重量。为了方便调色称量，通常把原色粉改性制成 3/4（75%）、1/10（10%）、1/100（1%）、1/1000（1‰）的浓度，以便在调配各种颜色时拼色使用。比如要调配原色粉浓度十分之一的色粉，用 1kg 原色粉加入 9kg 扩散粉（如亚乙基硬脂酸酰胺 EBS、硬脂酸钙、锌、镁等分散润滑助剂），进行搅拌与过筛（80～200 目）后即可使用。不仅方便称量，而且能显著改善塑料的分散性与熔融流动性，使制品平滑有光泽，色彩均匀鲜艳，同时还能降低成本。

五、塑料色粉改性中常用的机械

塑料色粉改性中常用的机械主要有高速剪切机，打粉用搅拌机，筛粉机。限于篇幅不一一介绍，在使用中特别要注意剪切与打粉的时间，一般打 1～2min 或几十秒就要停下，冷却几分钟后再搅拌，防止色粉在高速剪切时高温焦结。

第六节

◀◀◀

塑料配色常用的助剂

塑料配色中常用的助剂有分散剂、润滑剂、扩散油、偶联剂、相容剂等。常遇到的树脂添加剂有阻燃剂、增韧剂、增亮剂、抗紫外线剂、抗氧化剂、抗菌剂、抗静电剂等。其中最常见的是降低成本或物理改性用的填充剂，如轻质碳酸钙、重质碳酸钙、滑石粉、云母、高岭土、二氧化硅、二氧化钛、赤泥、粉煤灰、硅藻土、硅灰石、玻璃微珠、硫酸钡、硫酸钙等，以及有机物填料，如木粉、玉米淀粉等农林产业的副产品。填充增强材料有玻璃纤维、碳纤维、石棉纤维、合成有机纤维等。

如果产品原料中添加有上面这些助剂，在配色打样中一定要按同等添加比例加入树脂原料中，才不会在后面的生产中产生色差。

一、分散剂与润滑剂

分散剂类型有：脂肪酸聚脲类、羟基硬脂酸盐类、聚氨基甲酸酯类、低聚皂类等。

目前业内常用的分散剂为润滑剂。润滑剂的分散性能很好，还可以改善塑料在成型加工时的流动性与脱模性能。

润滑剂分为内润滑剂与外润滑剂，内润滑剂与树脂有一定的相容性，能减少树脂分子链间的内聚力，降低熔融黏度，改善流动性。外润滑剂与树脂间的相容性差，它附着于熔融树脂表面，形成润滑分子层，从而减少树脂与加工设备之间的摩擦。

润滑剂按化学结构主要分为以下几类：

(1) 烃类　如石蜡、聚乙烯蜡（EVA 蜡）、聚丙烯蜡（PP 蜡）、微粉蜡等。

(2) 脂肪酸类　如硬脂酸、羟基硬脂酸。

(3) 脂肪酸酰胺类、酯类　如乙烯基双硬脂酰胺（EBS）、硬脂酸丁酯、油酸酰胺等。其中 EBS 适用于所有的热塑性与热固性塑料，主要起分散、润滑作用。

(4) 金属皂类　如硬脂酸钡、硬脂酸锌、硬脂酸钙、硬脂酸镉、硬脂酸镁、硬脂酸铅等，既有热稳定作用，又有润滑作用。

（5）起脱模作用的润滑剂　如聚二甲基硅氧烷（甲基硅油）、聚甲基苯基硅氧烷（苯甲基硅油）、聚二乙基硅氧烷（乙基硅油）等。

在注塑工艺中，采用干法着色时，在混料时一般添加白矿油与扩散油等表面处理剂，起吸附、润滑、扩散、脱模的作用，在调色时也要按比例加入原料中调配。先加表面处理剂摇匀，再加色粉摇匀。

在选用时要根据塑料原料的成型温度确定该分散剂的耐温性能，从成本角度出发，原则上能用中低温的分散剂就不选用耐高温的。高温分散剂需要耐 250℃以上。

在色粉改性加工时也需要加入不同的分散剂与润滑剂。表 2-9 列出部分树脂原料所适用的润滑剂。

表 2-9　部分树脂原料所适用的润滑剂

树脂品种	润滑剂
ABS 树脂	硬脂酸镁、EBS、高熔点石蜡、聚乙烯蜡
聚苯乙烯类(PS 等)	硬脂酸锌、EBS、高熔点石蜡、硬脂酸丁酯
聚氯乙烯(PVC)	石蜡、高熔点石蜡、聚乙烯蜡、EBS、金属皂类、硬脂酸类、硬脂醇类
聚烯烃类(PE、PP)	高熔点石蜡、微粉蜡、EBS、硬脂酸钙、硬脂酸锌、油酸酰胺、脂肪酸
聚酰胺(PA)	油酸酰胺、硬脂酰胺、EBS
聚酯类树脂(PC 等)	高熔点石蜡、聚乙烯蜡、硬脂酸锌、硬脂酸钙、EBS

二、偶联剂与相容剂

偶联剂可以提高颜料与树脂间的亲和力，如对炭黑与钛白等无机颜料进行偶联剂处理能明显提高它们在树脂中的分散性。在制备色母时，加入偶联剂、相容剂，可以提高载体与所使用树脂之间的亲和力，使之紧密结合，同时能改善加工流动性与分散性。

在使用改性材料（如 PP＋玻璃纤维）或添加有填充母粒时，加入偶联剂与相容剂可以增强树脂与填充料（如碳酸钙、玻璃纤维等）的亲和力，同时也能增加流动性。

偶联剂的品种主要有：硅烷偶联剂、钛酸酯偶联剂等。

相容剂可以改善与增加两种不同树脂共混时的相容性，如聚己酸内酯（PCL）可用于苯烯腈-苯乙烯共聚物（SAN）与聚碳酸酯（PC）之间。

三、其他树脂改性剂

其他树脂改性剂有玻璃纤维、阻燃剂、增韧剂、增亮剂、抗紫外线剂、抗氧化剂、抗菌剂和抗静电剂。填充剂有碳酸钙、滑石粉、云母等，有时还使用各种化学改性（如共聚、交联、接枝）、物理改性（填充、增强、共混或加助剂）或在生产时直接共混改性材料（如 PP＋PE，1∶1 比例生产）。

第七节

常用塑料原料对着色颜料的要求

对于调色人员来说，必须要掌握与树脂相关的参数：成型温度，分解温度，烘料温度与时间，原料的识别与原料底色，原料所适用的色粉以及对着色颜料的要求。常用原料对着色颜料的要求见表 2-10。

表 2-10 常用原料对着色颜料的要求

原料类别	原料名称	原料化学性质	成型温度/℃	烘料温度/℃	烘料时间/h	对着色颜料要求
聚烯烃类	PE	中性	200～220	无需烘料	—	热稳定性好、牢度好、不迁移
	PP	中性	200～230	50～60	1	
苯乙烯类	ABS	碱性	200～230	80～85	2	耐热、牢度好、分散性好
	AS	碱性	200～230	80～85	2	
	HIPS	中性	200～205	50～65	2	
	GPPS	中性	180～200	无需烘料	—	
	PC/ABS	酸性	235～260	80～90	2	
聚氯乙烯	PVC	酸性	130～180	无需烘料	—	分散性好、牢度好、耐酸、耐迁移
聚酰胺类	PA	碱性	245～275	110～120	4	耐高温，分散性好，含水率低
聚酯聚醚类	PC	酸性	270～300	110～120	4	耐高温、分散性好、不含水，不迁移
	PBT	酸性	235～250	80～100	2	
	PET	酸性	245～270	100～110	2	
	POM	酸性	185～190	50～60	2	
聚甲基丙烯酸甲酯	PMMA	酸性	200～230	70～80	1	分散性好
	PETG	酸性	200～230	80～90	2	
热塑性弹体	TPR		180	无需烘料	—	分散性好、不迁移、牢度好
	TPE		180	无需烘料	—	

注：其他常用树脂的成型温度为：氟树脂，350℃；丙烯酸酯类树脂，180～200℃；有机硅树脂，180℃；酚醛树脂，150～160℃；环氧树脂，150℃；纤维素塑料，180℃。要根据不同的温度选用适合的着色剂。

第三章

常见塑料成型特点与适用着色颜料

第一节

塑料原料基础知识

树脂是塑料配色的对象，种类繁多，另外由于塑料合金市场的兴起，使得其配色更为复杂，因此必须对树脂有一个全面的了解。

一、塑料的来源

塑料的原料是合成树脂，它是从石油、天然气或煤裂解物中提炼、合成而来的。石油、天然气等经分解生成低分子有机化合物（如乙烯、丙烯、苯乙烯、氯乙烯、乙烯醇等），低分子化合物在一定条件下聚合成为高分子有机化合物，再根据需要加入增塑剂、润滑剂、填充剂等，就能制成各类塑料原料，一般将树脂加工成为粒状以便于使用，它们通常在加热、加压条件下可塑制成具有一定形状的器件。

二、塑料的物理性能

塑料的物理性能有很多种，下面只介绍针对学习调色技术需要了解的几种。

1. 相对密度

相对密度是在一定的温度下，试样的重量与同体积水的重量的比值，是识别原料的一个重要方法。

2. 吸水率

把塑料原料制成规定尺寸的试样，浸入温度为（25±2）℃的蒸馏水中，经过

24h 后试样所吸收的水分量与原料的比值。吸水率的大小决定塑料原料是否需要烘料和烘料时间的长短。

3. 成型温度

成型温度指树脂原料的熔融温度。

4. 分解温度

分解温度是指塑料在受热时大分子链断裂时的温度，同时是鉴定塑料耐热性能的指标之一。当熔融温度超过分解温度时，大部分原料会发黄，甚至出现烧焦发黑现象，且制品的强度会大大降低。

三、塑料的分类

目前，塑料材料分为 18 大类，包含 200 多个品种。常用的分类方法有：应用领域、受热后特性、化学结构、分子排列方法、塑料透明度和塑料硬度。

1. 按塑料的应用领域分类

（1）通用塑料

产量大、价格低、应用广的塑料称为通用塑料。

主要有聚氯乙烯（PVC）、聚乙烯（PE）、聚丙烯（PP）、聚苯乙烯（PS）、ABS、酚醛塑料（PF）等。通用塑料占全球塑料产量的 3/4 以上，只可作为一般产品如日用品等非结构材料使用，通过改性，某些通用塑料也可作为结构材料使用，如 PP＋GF（玻纤）。

（2）工程塑料　能做工程材料和代替金属制造各种机械设备或零件的塑料称为工程塑料。工程塑料具有优异的综合性能包括力学性能、电性能、耐热性能、耐化学性能、尺寸稳定性，并可在较宽阔范围和较长时间地保持这些性能。

工程塑料主要有聚碳酸酯（PC）、聚甲醛（POM）、尼龙（PA）、PET、PBT等。高级工程塑料主要有聚甲醚（PPO）、聚砜（PSU）、聚苯硫醚（PPS）、聚醚砜（PES）等。超级工程塑料主要有聚醚醚酮（PEEK）、聚酰胺亚胺（PAI）、聚酰亚胺（PI）等。

（3）特殊功能塑料　专为某种功能而制造的塑料，这一类塑料会在特殊功能上远胜于其他塑料。例如导电塑料、可电镀塑料、防火塑料、可降解（光/生物）塑料等。

（4）弹性体（橡胶、高弹体）　在室温下具有高弹性，去除外力后以能恢复原状的高分子材料，如丁苯橡胶、顺丁橡胶等。橡胶通常经硫化而轻度交联，受热不分解。

还有一类非化学交联的高分子材料，既有高弹性又能热塑成型，称为热塑性弹性体，如 TPE、SBS、SEBS、TPU、PP/EPDM 等。

2. 按受热后的特征分类

按塑料加热时所呈现的特征分类，一般分为热塑性塑料和热固性塑料。

（1）热塑性塑料　在特定的温度范围内，能反复加热软化和冷却变硬的塑料，如 ABS、PE、PP、POM、PC、PS、PMMA 等，它们可以回收再利用。

（2）热固性塑料　受热后成为不熔的物质，再次受热不再具有可塑性且不能再回收利用的塑料，如：酚醛树脂、环氧树脂、氨基树脂、聚氨酯、发泡聚苯乙烯等。

3. 按化学结构分类

（1）聚烯烃类　聚烯烃是烯烃高聚物的总称，一般指乙烯、丙烯、丁烯的聚合物，主要品种有 LDPE、MDPE、LLDPE、HDPE、PP、氯化聚乙烯（CPE）、乙烯-丙烯共聚物、乙烯-醋酸乙烯共聚物等。

聚烯烃类塑料相对密度小，耐化学品性好，耐水性优良，介电常数小，绝缘性能好。

（2）苯乙烯类　苯乙烯类塑料是苯乙烯均聚物和共聚物的总称，主要有 GPPS、HIPS、AS、ABS、SAN 等。

（3）聚氯乙烯类　聚氯乙烯的品种有聚氯乙烯（PVC）、氯乙烯-醋酸乙烯共聚物、氯乙烯-偏氯乙烯共聚物、氯乙烯-乙丙橡胶接枝共聚物、氯乙烯-氯化共聚物等。

（4）聚酰氨类　凡聚合物主链上含有重复酰氨基类的高分子化合物统称聚酰胺（PA），俗称尼龙。主要品种有 PA6、PA66、PA610、PA1010 等。

（5）丙烯酸酯类　丙烯酸酯类塑料是指以丙烯酸类单体为主，经均聚、共聚、共混、接枝而得到的一大类塑料，如 PMMA 等。

（6）聚酯、聚醚类　大分子链节含有酯链或醚链而无支链和交联结构的聚合物，统称为线型聚酯或线型聚醚。这类塑料大多具有良好力学性能，尺寸稳定性及耐高温，多为工程塑料。

聚酯主要有聚碳酸酯（PC）、聚对苯二甲酸乙二醇酯（PET）、聚对苯二甲酸丁二醇酯（PBT）等。聚醚类主要有聚甲醛（POM）、聚苯醚（PPO）等。

（7）氟塑料　分子中含有氟原子的高分子材料称为氟塑料。氟塑料的特性是耐热性、耐寒性（$-218 \sim 260$℃）和抗化学腐蚀性极为优良，介电性能和自润滑性优良。与其他工程塑料相比，氟塑料具有最低的摩擦系数，另外还有抗粘、防污和耐老化等特性。可供注射成型的氟塑料有四氟乙烯-六氟丙烯共聚物（如 FEP，F46 树脂）、聚三氟氯乙烯（PCTFE）和聚偏氟乙烯（PVDF）等。

（8）纤维素塑料　纤维素塑料是在天然纤维和无机（或有机）酸作用生成的聚合物中添加增塑剂后形成的高分子材料。常用的有硝酸纤维素、醋酸纤维素、醋酸丁酸纤维素（CAB）、醋酸丙酸纤维素等。

4. 按塑料的分子排列方法分类

（1）无定形塑料　分子形状与分子相互排列为无序状态的塑料，如 PS、ABS、PC、PMMA、SAN、PPO 等。

（2）结晶型塑料　部分分子区段以规则阵列堆积的塑料，如 PP、PE、POM、PBT、PET、PA 等。

5. 按塑料的透明度分类

一般分为透明塑料、半透明塑料和不透明塑料。透光率在 88% 以上的塑料称为透明塑料，如 PMMA、GPPS、PC 等。常用的半透明塑料有 PP、PVC、PE、AS、PET 等。不透明的塑料主要有 POM、PA、ABS、HIPS、PBT、PPO 等。

6. 按塑料的硬度分类

在塑料调色行业，针对色粉的耐温性与相容性等特性，常把大部分塑料分为硬质塑料（硬胶类）和软质塑料（软胶类）。硬胶以 ABS 为代表，软胶以 PP 为代表，以方便选择色粉。但是具体的适用性还是要参考色粉厂家提供的各种色粉指标。

常见的硬胶有：PC、PET、PA6、PA66、PBT、ABS、AS、PMMA、GPPS、HIPS、POM。

常见的软胶有：PP、HDPE、LDPE、EVA、PU、PVC、RPVC、TPR、TPE 等。

四、塑料原料对调色效果的影响

1. 塑料本身的颜色

许多塑料具有不同的本色，如酚醛树脂本身呈棕色。塑料本身的颜色对塑料着色配方的设计是很重要的依据，只有无色的塑料才能配制出各种不同的颜色。

2. 塑料的透明性

只有透明的塑料才能配制出透明、半透明或不透明的有色塑料。

3. 塑料的色光

影响配色的还有塑料的色光，尤其是配制白色或浅色时更为重要，如 PVC、ABS 等塑料基材底色偏黄，为了消除黄光，常常用加入群青等蓝色着色剂，消除黄光的影响。

4. 塑料的耐光性

耐光性较好的塑料，可以根据其原始颜色考虑配方，耐光性较差的塑料，在考虑配方时，必须考虑耐光差异变色因素，才能得到良好的效果。

5. 塑料中各种添加剂的影响

为了获得良好的材料性能或独特功能，往往在塑料中加入各种助剂，如各种填充母料、专用母料、成型加工改性剂、相容剂、增韧剂、光降解剂、生物降解剂、抗菌剂、光亮剂、耐磨剂、红外吸收剂、抗氧化剂、抗紫外线剂等，这也影响着色效果。在调色前，如在塑料中加有填充料或助剂，调色时也一定要按比例加入填充料和助剂，再一起调色打板，才能保证颜色的一致性。

例如，玻纤增强塑料是在原有纯塑料的基础上，加入玻璃纤维和其它助剂，从而提高材料的强度。一般来说，大部分的玻纤增强材料应用在产品的结构零件上，是一种结构工程材料。

玻纤是耐高温材料，用玻纤增强以后，塑料流动性变差，注塑温度要比不加玻纤前提高 10～30℃，尤其是尼龙类塑料，注塑压力比不加玻纤的要增加很多。在调配加纤或加有阻燃剂的色样时，要注意色粉的耐温性，加大色粉的用量（阻燃剂是很实色、不透明的）。

由于玻纤的加入，透明的原料会变成不透明的，在调色中要注意底色与色粉的用量。在注塑过程中，玻纤进入塑料制品的表面，使得制品表面变得很粗糙。在注塑时使用模温机加热模具，可以提高制品表面质量。

玻纤增强以后，原来纯塑料不吸水的会变得吸水，在注塑和调色时要进行烘料干燥。

五、成型工艺对颜色的影响

塑料成型加工的目的是根据塑料特性或力学性能，用一切可能的成型条件（温度、压力等）制得有价值的产品。但是，有时同种树脂原料在不同的成型加工方法中，加工温度相差几十摄氏度，因此必须对塑料的成型设备、成型温度、成型所需时间有所了解并掌握，否则选用不当的颜料会造成变色现象。

六、塑料制品的使用环境与条件

塑料制品如应用于室内则其耐光性要求较低，室外使用的塑料制品则对耐候性有较高要求；特殊使用条件下的塑料制品，要选择使用能达到客户要求的颜料；而应用于儿童玩具、食品包装等的颜料则要求无毒，符合环保要求，特别是出口产品在这方面要求特别严格；而工程塑料制品着色时，选用的颜料不能影响其力学性能。

因此，调色前选择颜料时，在满足加工条件和应用性能时，尽可能选择符合客户要求和各种标准，且价格便宜的着色颜料。

七、常用塑料型号与产地

在塑料调色中，一般常用的分类方法就是按照表 3-1 的软硬胶分类法和颜料的适用范围去选择色粉。

表 3-1 常用塑料型号与产地

软胶类	型号	产地	品牌企业	硬胶类	型号	产地	品牌企业
PP	800R	韩国	晓星	ABS	121	韩国	韩国 LG
						中国	
	400M	韩国	晓星		8391	美国	陶氏
						中国	上海高乔
	550	韩国	三星		747	中国台湾	奇美
	564	韩国	三星		757	中国台湾	奇美
	700	中国	中石化		透明 758	韩国	
	9108	韩国			368	中国台湾	奇美
	644	中国	中石化		0215A	中国	
	5891	韩国			1500	中国台湾	台化
	344R	韩国			15A	中国台湾	台化
	B330F	韩国			130		国乔
	15600	韩国			750		锦湖
	105G	日本			09		东丽
	8523	日本			D-150		国乔
	K4535	中国台湾	台化		606	中国	广州金发
	K8009	中国台湾	台化	AS	127	中国台湾	奇美
	P604H	中国台湾	台化		117	中国台湾	奇美
	T30S	中国			118	中国台湾	奇美
	6703	中国	中石化		80HF	中国台湾	奇美
	1120	中国台湾		阻燃 ABS	620	中国	广州金发
	868	中国台湾			FR500	中国	
	7901	中国台湾		PC	2858	德国	拜耳
	641	中国	中石化		2805	德国	拜耳
	501	中国	中石化		110	韩国	旭美
HDPE	7260	中国			10G4F	中国	
	5502	中国	赛科		241	美国	
LDPE	6201	韩国			241R	日本	
LLDPE	50035	马来西亚			943A		兆丰

续表

软胶类	型号	产地	品牌企业	硬胶类	型号	产地	品牌企业
PVC	80度	中国台湾	台化	PA6	1012T	中国	
	95度		利泽		215		泛达
	90度	中国			606B	中国台湾	台化
	70度	中国			10137	中国	
	MP-31	中国		PA66	601033	中国台湾	邦泰
NP PVC	65度		富和		5125R70 G33	中国台湾	邦泰
	90度	中国			PA66	美国	杜邦
TPR	1521	中国台湾	台化		PA66	法国	罗帝亚
	700N	中国		HIPS	4241	中国	
	NE5592T	中国			666	中国台湾	台达
	SP-5500N	中国			495F		巴斯夫
	SP-40D	中国		GPPS	525	中国	
	6560N	中国			5350	中国台湾	台化
	250	中国		POM	CN15	日本	
	E3530	中国台湾	台化		270	中国台湾	台化
	565	中国台湾	台化		F20-2	韩国	
TPE	60度		邦德		0149	中国台湾	台化
	半透明60度	中国			270		达钢
TPU	L1250Y	新加坡		PBT	1100NK	中国	
	B95A11			PETG	K2012	韩国	
PU	J193	中国		PMMA	100	日本	
PPO		中国		PCTA	6002		依斯曼
EVA				ABS/PC合金		中国	广州金发

注：表中"度"表示邵氏D硬度。

第二节
塑料成型工艺

一、概述

塑料成型加工是一门工程技术，所涉及的内容是将塑料转变为塑料制品的各种工艺，主要有注射成型、挤出成型、吹塑成型、压塑成型、吸塑成型、搪塑（搪胶）成型、半自动或手动热成型等。但是在塑料调色中应用最广泛的是注射成型，其次是挤出成型与搪塑成型。本节重点介绍注射成型，其它成型方法只是简单介绍。在调色前一定要熟悉各种成型设备的操作与工艺参数。

1. 注射成型

塑料注射成型是一种注射兼模塑的成型方法，其设备称塑料注射成型机，简称注塑机。下面以常用的螺杆式注塑机为例，说明其成型原理及工作步骤。

（1）螺杆式注塑机原理

利用螺杆把塑料原料挤进料筒内，同时在这个过程中加热塑料至可塑化状态，并集中于螺杆尖端，当尖端的可塑化塑料累积到一定量后，由油压缸加压，使螺杆向前推进并射入模具内，而后冷却硬化，打开模具，取出成型制品，见图3-1。

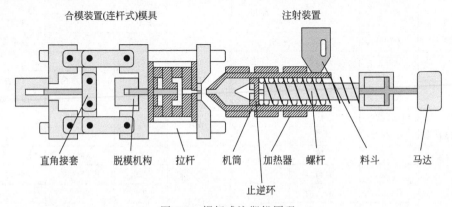

图 3-1　螺杆式注塑机原理

（2）成型步骤

① 关闭模具。

② 将塑料原料供给加料斗，由螺杆挤进料筒缸内，加热（具体加热温度根据塑料品种而定）塑料至软化成为流动状，即变为可塑化状态。

③ 可塑化塑料被螺杆挤向前方，由前端的注射嘴注入密封的模具，即射出。

④ 等模具内塑料冷却硬化后，打开模具，取出成型形品。

在注塑机调色中，要防止用大吨位机器生产小产品，因为螺杆在高速旋转（剪切）时，会产生大量的热量，而且在注塑机前端有一个止逆环，起防止胶料溢回料筒的作用，止逆环的存在会使一部分胶料停留在料筒内，也就是说注塑机注射一次总会有些胶料残留，如果用大机生产小产品，会使残留胶料二次或三次塑化，从而使产品发生变色或颜色不稳定（胶料在料筒内停留时间过长也会变色、分解或烧焦）。

2. 挤出成型

挤出成型也称挤压模塑或挤塑，它是在挤出机中通过加热、加压而使塑料以流动状态连续通过口模成型的方法。塑料挤出机通常称之为主机，而与其配套的后续设备——塑料挤出成型机则称为辅机，如物料输送与干燥设备，挤出物的定型、冷却、牵引、切料或辊卷和生产条件控制设备等。

塑料挤出机经过 100 多年的发展，已由原来的单螺杆衍生出双螺杆、多螺杆，甚至无螺杆等多种机型。塑料挤出机（主机）可以与管材、薄膜、棒材、单丝、扁丝、打包带、挤网、板（片）材、异型材、造粒、电缆包覆等各种塑料成型辅机匹配，组成各种塑料挤出成型生产线，生产塑料制品。还可用于塑料的共混改性、塑化造粒、着色、色母粒生产等。

3. 吹塑成型

吹塑成型由两个基本步骤构成：先成型型坯，后用压缩空气（与拉伸杆）径向吹胀（与轴向拉伸）型坯，使之贴紧（拉伸）吹塑模具型腔，赋予制品形状与尺寸，并冷却。根据型坯成型的方法，吹塑成型分为挤出吹塑成型和注射吹塑成型两大类；挤出吹塑成型的设备（尤其模具）造价及能耗较低，可成型大容积与形状复杂的制品。注射吹塑成型的容器，有较高的尺寸精度，不形成接合缝，一般不产生边角料。

4. 压塑成型

压塑成型是热固性塑料的主要成型方法。压机用得最多的是自给式液压机，吨位从几十吨至几百吨不等，有下压式压机和上压式压机。压机的作用在于通过塑料模对塑料施加压力，如果采用固定模，还具有启闭模具和顶出制品的作用压塑成型的。主要优点是可模压较大平面的制品，其缺点是生产周期长，效率低。

5. 搪塑（搪胶）成型

搪塑主要是用于软质聚氯乙烯（PVC）料的玩具类与中空制品的生产，由搪胶机、打浆机等组成，辅助设备有搅拌机、抽真空机、烘箱等。其他如塑料课桌、塑料椅、塑料板凳等也是用 ABS 原料滚塑成型制备。

二、塑料模具的基本知识

坚固而精密的模具是塑料成型的主要设备。模具的基本构造有两种，分别称为二板模具和三板模具，主要区别是模具的开启方式。二板模具又叫做一段浇道式模具，三板模具又叫做二段浇口式模具。还有一种特别热浇道式模具。模具基本结构如图 3-2 所示。

模具主要由冷却系统、排气系统和脱模系统组成。

冷却系统是为了加快成型周期和保证产品的尺寸精度，在模腔内采用水循环冷却，使被挤进模腔内的塑料材料快速冷却与保持模温。排气系统的作用是让被挤进模腔内的塑料迅速充填，排出空气。脱模系统主要是指顶针系统，能让成型品顺利地从模腔内取出。

三、塑料原料在成型条件中的特性与要点

塑料原料在被塑化过程中常会发生以下一种或几种情况，如聚合物的流变以及物理、化学性能的变化等，通常用以下几种性能来表征。

1. 流动性

热塑性塑料的流动性大小，一般可从分子量大小、熔融指数、阿基米德螺旋线

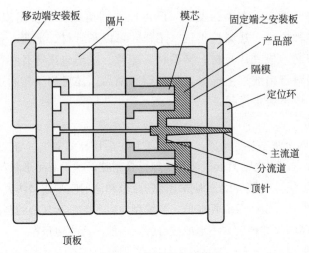

图 3-2   模具基本结构

流动长度、表观黏度及流动比（流程长度/塑件壁厚）等一系列指数进行分析。

流动性好的有尼龙（PA）、聚乙烯（PE）、聚苯乙烯（PS）、聚丙烯（PP）等。流动性中等的有聚苯乙烯系列树脂（如 ABS、AS）、有机玻璃（PMMA）、聚甲醛（POM）等。流动性差的有聚碳酸酯（PC）、硬聚氯乙烯（PVC）、聚苯醚、氟塑料等。

温度与料温增高则塑料流动性增大，聚苯乙烯（PS）、聚丙烯（PP）、尼龙（PA）、有机玻璃（PMMA）、改性聚苯乙烯（如 ABS、AS）、聚碳酸酯（PC）等塑料的流动性随温度变化较大。但是对于聚乙烯（PE）、聚甲醛（POM）等塑料温度增减对其流动性影响较小。所以前者在成型时可以通过调节温度来控制其流动性。

注塑压力增大则熔融料受剪切力的作用大，流动性也增大，特别是聚乙烯（PE）、聚甲醛（POM）比较敏感，所以成型时可以通过调节注射压力来控制流动性。

2. 结晶性

所谓结晶现象是指塑料由熔融状态到冷凝时，分子由自由移动、完全处于无次序的状态，变成分子停止自由运动，按略微固定的位置，排列成为分子陈列模型的一种现象。

在生产结晶型塑料时，选择注塑机应注意的事项如下：

（1）料温上升到成型温度所需的热量多，要用塑化能力大的设备。

（2）结晶度与塑件壁厚有关 壁厚则冷却慢，结晶度高，收缩大。壁厚薄，冷却快，结晶度低，收缩小，透明度高。结晶型料应按要求控制冷却时间。

（3）制品内应力大 脱模后未结晶的分子有继续结晶的倾向，处于不稳定状态，易发生变形、翘曲，可以通过增加保压时间来改善。

（4）对于冷却时放热多的塑料制品，应充分冷却，如聚酰胺（PA）料等。

3. 热敏性

热敏性指某些塑料对热量比较敏感，在高温下受热时间较长或剪切作用大时，料温增高易发生变色、分解的倾向。热敏性塑料在分解时产生单体、气体、固体等副产物，特别是有的分解气体对人体、设备、模具有刺激、腐蚀作用或毒性，如硬聚氯乙烯（PVC）、醋酸乙烯共聚物（EVA）、聚甲醛（POM）等。

4. 易水解性

有些塑料即使只含有少量水分，在高温、高压下也会发生分解，这种性能称为易水解性，对这些塑料（如聚碳酸酯）必须预先加热干燥。

5. 应力开裂

有的塑料对应力敏感，成型时易产生内应力，质脆易裂，或塑件在外力或溶剂的作用下发生开裂，这种现象称为应力开裂。

对这些塑料，可以在原料内加入助剂进行共混改性以提高抗开裂性，也可以通过如共聚、接枝、交联等化学改性方法和填充、增强、共混等物理改性方法，提高塑料的抗裂性。对原料要注意干燥，成型时应适当降低成型温度和背压、射胶压力，使溶胶压力上升，调整冷却时间，避免塑件在过于冷脆时脱模，成型后塑件还应进行后处理提高抗开裂性，消除内应力并禁止与溶剂接触。

6. 熔体破裂

具有一定流动速率的聚合物熔体在恒温下通过喷嘴孔，当其流速超过某值后，熔体表面发生明显的横向裂纹，称为熔体破裂。

当选用熔体流动速率高的塑料原料生产时，应增大喷嘴、浇道、进料口截面，减少注塑速度与压力，提高料温。

7. 冷却速度

各种塑料根据其品种特征及塑件形状要求，必须保持适当的冷却速度。所以模具必须按成型要求设置加热和冷却系统，以保持一定模温。

当料温使模温升高时应冷却，防止塑件脱模后变形，缩短成型周期，降低结晶度。

当塑料余热不足以使模具保持一定温度时，则模具应设有加热系统（模温机），使模具保持在一定温度，以控制冷却速度，保证流动性，改善填充条件，防止厚壁塑件内外冷却不均匀，提高结晶度。

8. 吸湿性

塑料中的含水量必须控制在允许的范围内，否则在高温、高压下，水分变成气体或发生水解作用，使树脂起泡，流动性下降，外观上产生水花痕与光泽度不良及力学性能不良等问题。在调色与生产前，含水率高的塑料原料必须按要求进行预热或干燥。

第三节

>>>

聚烯烃类

一、聚乙烯

聚乙烯（PE）是产量最大的塑料品种，占全世界塑料产量的1/3。聚乙烯的特点是半透明、质软、无毒、价廉、加工方便。日常应用最多的是低密度聚乙烯（LDPE）和高密度聚乙烯（HDPE）。LDPE 较软，HDPE 俗称硬性软胶，它比 LDPE 硬，透光性差，结晶度大。

1. 外观及建议识别方法

外观无臭、无毒，手感似蜡，白色蜡状半透明材料，柔而韧，比水轻。

将少量样品或颗粒放置水中，样品或颗粒浮起；燃烧少量样品，火焰呈蓝色黄顶，发出像石蜡一样的气味，燃烧速度快；指甲刮过有痕迹。

2. 物理特性

密度：$0.91 \sim 0.97 \text{g/cm}^3$，因为品种多而各不相同，一般取 0.925g/cm^3；

HDPE 熔点范围：$126 \sim 136℃$；

LDPE 熔点范围：$108 \sim 125℃$；

成型温度：$180 \sim 220℃$；

分解温度：约 $300℃$；

最低使用温度：$-70 \sim 100℃$；

成型收缩率：$1.5\% \sim 3.6\%$，易产生缩水和变形；

吸水率：PE 料吸水性小，成型加工前可不用干燥。

3. 加工参数

料筒温度（括号内的温度建议作为基本设定值，下同）如下：

喂料区　　$30 \sim 50℃$（$50℃$）

区 1　　　$160 \sim 250℃$（$200℃$）

区 2　　　$200 \sim 300℃$（$210℃$）

区 3　　　$220 \sim 300℃$（$230℃$）

区 4　　　$220 \sim 300℃$（$230℃$）

区 5　　　$220 \sim 300℃$（$230℃$）

喷嘴　　　$220 \sim 300℃$（$230℃$）

熔料温度：$220 \sim 280℃$

料筒恒温：$220℃$

模具温度：$20 \sim 60℃$

注射压力：具有很好的流动性能，避免采用过高的注射压力，一般为 $80 \sim 140 \text{MPa}$，一些薄壁包装容器可达到 180MPa（1800bar）。

保压压力：收缩程度较高，需要长时间对制品进行保压，尺寸精度是关键因素，保压压力约为注射压力的 $30\% \sim 60\%$。

背压：$5 \sim 20 \text{MPa}$（$50 \sim 200 \text{bar}$），背压太低的地方易造成制品重量和色散不均。

预烘干：不需要预烘干，如果贮藏条件不好，在 $80℃$ 的温度下烘干 1h 就可以。

回收率：可 100% 回收。

收缩率：$1.2\% \sim 2.5\%$，容易扭曲，收缩程度高，24h 后不会再收缩（成型后收缩）。

4. 成型工艺特点

PE 制品最显著的特点是成型收缩率大，易产生收缩和变形。成型时采用高压注射，则制品密度高，收缩率较小。冷却速度宜慢。

PE 有较高的凝固温度，其结晶程度和成型工艺条件有关，模温低，结晶度就低。在结晶过程中，因收缩的各项异性，造成内部应力集中，使 PE 制件易变形和开裂。生产出来的产品放在热水中水浴（可以在注塑机下面放一个水盆，使产品直接落入水中），可使内应力得到一定的释放。

PE 吸湿性小，不需充分干燥；流动性中等，成型时所需保压时间较长，并要保持模温的恒定（40～70℃），流动性对压力敏感，料温均匀，填充速度快。

PE 的加工温度范围很宽，不易分解，其加工温度以 180～220℃较好。

5. 适用着色颜料

聚乙烯着色常用的颜料有氧化钛白、氧化铁类、黄铅、群青、镉系颜料、酞菁类、喹吖啶酮类、双偶氮、单偶氮等。能影响聚乙烯耐晒性的颜料有锐钛型钛白粉、氧化铬绿、钴蓝和群青。

二、聚丙烯

聚丙烯（PP）俗称"百折胶"，有很高的弯曲疲劳寿命，密度只有 0.90～0.91g/cm³，是目前塑料中较轻的品种之一。

1. 外观及简易识别方法

PP 无毒、无臭、无味，表面呈现油性光泽，圆珠形或椭圆形的半透明乳白色颗粒。

PP 属于热塑性聚烯烃类塑料，少量样品放置水中，样品浮起，即使是原料颗粒也会浮起；火烧鉴别：火焰呈蓝色黄顶，发出柴油气味；因为 PP 刚性不高，用牙齿轻咬可以咬动，并且有韧性，但是用指甲刮无痕迹。

2. 物理特性

密度：0.90～0.91g/cm³；

成型收缩率：1.0%～2.5%，PP 的成型收缩率随着改性添加材料的种类及多少有所变化；

成型温度：160～240℃；

分解温度：310℃；

含水率：约 0.02%，成型加工之前原料不必干燥；

最小熔融温度：160～175℃；

脆化温度：-35℃；

使用温度：130℃以下；

热变形温度：80～100℃。

3. 注塑加工参数与工艺特点

料筒温度如下。

喂料区	30～50℃（50℃）
区 1	160～250℃（200℃）
区 2	200～300℃（220℃）
区 3	220～300℃（230℃）
区 4	220～300℃（230℃）
区 5	220～300℃（230℃）
喷嘴	220～300℃（230℃）

熔料温度：220～280℃。

料筒恒温：220℃。

模具温度：20～70℃。

注射压力：具有很好的流动性能，避免采用过高的注射压力，一般为 80～140MPa；一些薄壁包装容器可达到 180MPa。

保压压力：为了避免制品产生缩壁，需要长时间对制品进行保压（约为循环时间的 30％），保压压力约为注射压力的 30％～60％。

背压：5～20MPa。

预烘干：不需要预烘干，如果贮藏条件不好，在 80℃的温度下烘干 1h 就可以。

回收率：可 100％回收。

收缩率：1.2％～2.5％，收缩程度高，24h 后不会再收缩（成型后收缩）。

浇口系统：点式浇口或多点式浇口；流道可采用加热式热流道、保温式热流道。内浇套，浇口位置宜在制品最厚点，否则，制品容易发生大的缩水缺陷。

机器停工时段：无需用其它材料进行专门的清洗工作。

4. 成型工艺特点

PP 属于结晶型聚合物，不像 PE 或 PVC 那样在加热过程中随着温度提高而逐渐软化，一旦达到某一温度，PP 颗粒迅速融化，在较小的温度区间内就可全部转化为熔融状态。在熔化过程中，要吸收大量的熔解热，产品出模后比较烫。

PP 吸湿性小，流动性好，但制品收缩率大，特别是厚壁制品易发生缩孔、凹痕和变形。

PP 对氧很敏感，在加工时，要注意成型温度与保压时间，加热时间应尽可能缩短，同时注意模具的温度。模具温度低于 50℃时，塑件不光滑，易产生熔接不良、流痕，模温超过 90℃以上易发生翘曲变形。

PP 在高温下（270～300℃）或长时间停留在料筒中会发生降解和熔体破裂，长期与热金属接触易分解。

5. 适用着色品种

聚烯烃类的着色是比较容易的。常用的颜料有钛白、镉系颜料、铁红、群青、钴蓝等无机颜料和炭黑、双偶氮、缩合偶氮、酞菁、喹吖啶酮等有机颜料，一般不用染料着色。着色颜料在聚烯烃中应用时，主要应考虑它们对树脂的耐热、耐晒性能以及对树脂成型收缩的影响（容易使制品的纵向收缩率增大，横向收缩减少）。

在调色中，含铜、锡、锌的颜料会影响 PP 的耐晒、抗氧化性能。

第四节
苯乙烯类

一、丙烯腈-丁二烯-苯乙烯共聚物

丙烯腈-丁二烯-苯乙烯共聚物（ABS）是目前产量最大，使用最广泛的热塑性通用塑料之一。ABS 是丙烯腈、丁二烯和苯乙烯的三元共聚物，其中 A 代表丙烯腈，B 代表丁二烯，S 代表苯乙烯。丙烯腈赋予 ABS 树脂化学稳定性、耐油性、一定的刚性和硬度；丁二烯使其韧性、冲击性和耐寒性有所提高；苯乙烯使其具有良好的介电性能和光泽，并呈现良好的加工特性。

1. 外观及简易识别方法

ABS 工程塑料料粒为圆柱形，表面光亮度高，直径 2.5～8mm，乳白至米黄色，一般不透明，如注塑级 ABS757，略带米黄色，ABS121 带乳白色。

ABS 是热塑性塑料，无毒、无味，小量样品放置水中下沉；燃烧后塑料软化、烧焦，燃烧缓慢，火焰呈黄色，有黑烟及焦炭产生，产生特殊的橡胶气味，有轻微熔融滴落现象。

2. 物理特性

密度：$1.05g/cm^3$；

最小软化温度：87℃（一般为 87～120℃）；

成型温度：200～240℃；

变色温度：250℃（变黄）；

分解温度：270℃（焦炭、烟雾）；

热变形温度：一般 ABS 热变形温度在 93℃，耐热级在 115℃；

成型收缩率：0.4%～0.7%；

含水率：0.2%～0.5%，允许含水率为 0.2% 以下；

预烘烤温度：80～85℃之间，时间为 2～4h。

3. ABS 注塑加工技术参数与工艺特点

料筒温度如下：

喂料区　　　40～60℃（50℃）

区 1　　　　160～180℃（180℃）

区 2   180～230℃（210℃）

区 3   210～260℃（230℃）

区 4   210～260℃（230℃）

区 5   210～260℃（230℃）

喷嘴   210～260℃（230℃）

熔料温度：220～250℃。

料筒恒温：220℃。

模具温度：40～80℃。

注射压力：100～150MPa。

保压压力：保压时间相对较短，保压压力一般为注射压力的 30%～60%。

背压：5～15MPa，如果背压太低，熔料中裹入的空气会造成焦化（在制品内有灰黑纹路）。

预烘干：一般在 80℃温度下烘干 1～3h，含水率高会造成制品有裂纹、擦痕和气泡。

回收率：可加 30%的回料，前提是之前材料没有发生热降解。

收缩率：0.4%～0.7%。

浇口系统：可使用点式浇口和热流道；因为 ABS 流动性较差，最小壁厚不应小于 0.7mm。

机器停工时段：无需用其他料清洗。

4. 成型工艺特点

ABS 的吸湿性较大，耐温性较差，在成型加工前必须进行充分干燥和预热，水分含量控制在 0.03%以下，一般烘料时间为 80℃×2h。表面要求光泽高的塑料制品须长时间预热干燥，一般为（80～85）℃×3h。如果原料没有烘干，会使制品产生料花、擦痕或气泡，可能被误认为是色粉分散的问题，一定要学会辨别。

ABS 树脂的熔融黏度对温度的敏感性较低，黏度不随温度的升高而降低，可用增加螺杆转速或用较高的注射压力与注射速度来提高其流动性。一般加工温度在 190～235℃，如果制品颜色出现发黄，可检查温度是否正常。

ABS 成型温度较高，宜取高料温、模温，但料温过高易分解（分解温度约为 270℃），对精度要求高的塑件，模温宜取 50～60℃；对高光泽、耐热塑件，模温宜取 60～80℃。

ABS 在温料筒内停留时间不宜过长（应小于 30min），否则易分解发黄。如果是生产耐热级或阻燃级材料，生产 3～7 天后模具表面会残存塑料分解物，导致模具表面发亮，需对模具及时进行清理。

二、丙烯腈-苯乙烯

AS 即丙烯腈-苯乙烯的共聚物。AS 粒料加工前需在 70～85℃预干燥，注塑温度为 160～200℃ 。

1. 外观及简易识别方法

AS 料为无色或微黄色透明的珠粒或颗粒料，与聚苯乙烯相比，AS 塑料具有较高的冲击强度，耐热性、耐油性、耐化学腐蚀和抗应力开裂性能有所改善，比 ABS 有更好的耐候性，最高的使用温度为 75～90℃ ；与 GPPS 相比，机械强度好，透明度好，是优良的透明制品原料。AS 最大的缺点是缺口非常敏感，有缺口就会产生裂纹，耐疲劳、耐冲击性能差。

AS 外观无色或微黄色，透明，手感滑腻；燃烧小量样品，火焰黄色，燃烧时软化并有大量的浓黑烟冒出，有酒精气味离火继续燃烧。

2. 物理特性

密度：$1.07g/cm^3$ ；

成型温度：200～240℃ ；

变色温度：250℃ ；

分解温度：270℃ ；

成型收缩率：0.4%～0.7% ；

含水率：0.2%～0.5% ；

预烘烤温度：80～85℃ 之间，时间为 1～4h 。

3. 注塑加工参数与 ABS 料相同，可参照 ABS 料生产。

三、通用聚苯乙烯

通用聚苯乙烯（GPPS）为无色、无味、有光泽、透明的颗粒，是一种易于成型加工的透明塑料。具有质轻、价廉、吸水率低、着色性好、尺寸稳定、电性能好的优点，适于制作绝缘透明件、装饰件、化学仪器、光学仪器等零件。

GPPS 的主要缺点是质脆易裂，耐冲击强度低，耐热性较差，不耐沸水，只能在较低温度和较低负荷下使用，耐日光性差，易燃，燃烧时发黑，且有特殊臭味。

1. 外观及简易识别方法

无色、无味、无毒而有光泽、透明的仿玻璃状材料，纯 GPPS 生产的制品掉在地上，发出清脆的响声后就会马上碎裂。

易燃，离火后能继续燃烧，火焰上端呈金黄色，燃烧时会软化起泡，无液体滴落，并发出浓烟黑柱，同时，发出苯乙烯单体的"甜香味"。

2. 物理特性

密度：$1.04～1.05g/cm^3$ ，与水基本相同；

熔点：166℃ ；

成型温度：180～240℃ ；

分解温度：330℃ ；

吸水率低，约 0.02%，生产时可不烘料；

透光率：88%～91%；

成型收缩率：0.6%～0.8%。

3. 注塑加工技术参数

料筒温度如下：

喂料区	30～50℃（50℃）
区 1	160～250℃（200℃）
区 2	200～300℃（210℃）
区 3	220～300℃（230℃）
区 4	220～300℃（230℃）
区 5	220～300℃（230℃）
喷嘴	220～300℃（230℃）

熔料温度：220～280℃。

料筒恒温：220℃。

模具温度：15～50℃。

注射压力：GPPS 具有很好的流动性能，避免采用过高的注射压力，一般为 80～140MPa。

保压压力：保压压力为注射压力的 30%～60%，保压时间相对较短。

背压：5～10MPa，如果背压太低，熔料中裹入的空气会造成焦化（在制品内有灰黑纹路）。

预烘干：不需要预烘干，如果贮藏条件不好，在 80℃的温度下烘干 1h 就可以。

回收率：可 100%回收。

收缩率：0.3%～0.6%。

浇口系统：可采用点式浇口和热流道。

机器停工时段：无需用其它材料进行专门的清洗工作。

4. 成型工艺特点

GPPS 流动性好，流动阻力小，故其注射压力较低，宜用高料温、高模温、低注射压力，延长注射有利于降低内应力，防止缩孔、变形。其塑化和冷却速度比一般原料要快，开模时间可早一些，成型周期可短一些。

GPPS 制品的光泽度随模温升高而增加，带有内应力的胶件在 65～80℃水槽内浸泡 1～2h，然后缓慢冷却至室温，便能消除内应力。

四、耐冲击性聚苯乙烯

耐冲击性聚苯乙烯（HIPS）是由 PS 加丁二烯改性而成的。PS 的耐冲击强度很低，生产出来的产品很脆，而丁二烯的韧性很好，加入丁二烯改性后可使 PS 的耐冲击性能提高 2～3 倍。HIPS 目前已部分代替了价格昂贵的 ABS 材料，主要用于各类家庭电器外壳、电子零件、电子仪表壳、冷藏库和冰箱内壳、电话壳、文具、玩具、建材、包装材料等。

1. 简易识别方法

HIPS 为外观无色、不透明珠粒，少量样品放置水中，样品下沉。易燃，火焰上端呈金黄色燃烧，火焰黄色，有垂滴，冒黑烟，发出橡胶气味，有焦炭产生离火后能继续燃烧。

2. 物理特性

密度：$1.04～1.05g/cm^3$；

熔点：170℃；

熔融温度：150～180℃；

热分解温度：300℃；

成型温度：175～230℃；

收缩率 0.4%～0.7%。

3. 注塑成型工艺参数

HIPS 注塑成型工艺参数可以参照 ABS 料。

4. 苯乙烯类树脂适用着色颜料品种

总的来说，苯乙烯类树脂与各种着色颜料亲和性好，不易迁移，常用的着色颜料有钛白、铁红、群青、炭黑、镉系颜料、酞菁系、喹吖啶酮类、偶氮类染料、还原染料、荧光染料。调色时要注意考虑颜料的耐热性与分散性，尽量选用遮盖力强的颜料，以减少色粉量。

第五节

聚酰胺类

聚酰胺（PA）俗称尼龙，是五大工程塑料（PA、PC、POM、PPO、PBT）中产量最大、品种最多、用途最广的品种。主要的品种有 PA6、PA66、PA11、PA12、PA610、PA612、PA46、PA1010 等，其中 PA6、PA66 产量最大，约占 PA 产量的 90% 以上。

PA 的机械强度高、韧性好、自润性好、耐摩擦性好、耐热性好。PA46 等高结晶型塑料的热变形温度很高，可在 150℃ 下长期使用。PA66 经过玻璃纤维增强以后，热变形温度能达到 250℃ 以上。

PA 的缺点是吸水性大，饱和水可达到 3% 以上，在一定程度上影响制件的尺寸稳定性。PA6 的化学物理特性和 PA66 很相似，而且它的熔点较低，工艺温度范围很宽，抗冲击性和抗溶解性比 PA66 要好，但吸湿性也更强。

1. 外观及简易识别方法

PA 为半透明或不透明乳白色结晶形聚合物。少量样品放入水中，样品下沉，燃烧时蓝色黄顶，发出烧头发一样的焦味，燃烧速率慢，有垂滴，离开火源会自动熄灭。

2. 物理特性

(1) PA6 特性

密度：$1.13g/cm^3$；

熔点：215～255℃；

成型温度：245～275℃；

分解温度：>300℃；

热变形温度：188℃；

吸水率：0.2%～3%，PA6 是所有塑料中吸水率最大的品种，24h 吸水率可达 1.8%，注塑时要控制含水量在 0.3% 以内；

成型收缩率：-0.8%～2.5%。

(2) PA66 物理物性

密度：$1.14～1.15g/cm^3$；

熔点：252℃；

成型温度：260～300℃；

分解温度：>350℃；

热变形温度：235℃；

使用温度：80～120℃；

脆化温度：-30℃；

吸水率：2.5%；

成型收缩率：1.5%～2.2%；

干燥条件：110～120℃，4h。

3. 注塑加工技术参数与成型工艺特点

PA6 的注塑加工参数如下：

料筒温度

喂料区 60～90℃（80℃）

区 1 260～290℃（260℃）

区 2 260～290℃（270℃）

区 3 280～290℃（280℃）

区 4 280～290℃（280℃）

区 5 280～290℃（280℃）

喷嘴 280～290℃（280℃）

喂料区和区 1 的温度直接影响喂料效率，提高这些温度可使喂料更平均。

熔料温度：245～290℃。

料筒恒温：240℃。

模具温度：60～100℃，模具要有好的通气性，否则制品上易出现焦化现象。

注射压力：100～160MPa，如果是加工薄截面、长流道制品（如电线扎带），注射压力则需要达到180MPa，建议采用较快的注射速率。

保压压力：注射压力的50％；由于材料凝结相对较快，短的保压时间已足够。降低保压压力可减少制品内应力。

背压：2～8MPa，背压太高会造成塑化不均。

预烘干：80℃，4h。

回收率：可加入10％回收料。

收缩率：0.7％～2.0％，加入30％玻璃纤维的制品收缩率为0.4％～0.7％；制品逐渐冷却可降低成型后收缩率，能更好地保证尺寸稳定性和减小内应力。

机器停工时段：无需用其他料清洗；熔料残留在料筒内超过20min，容易发生热降解。

4. 成型工艺特点

PA容易受潮，成型前必须充分干燥。在熔融状态下如果有水分存在，会引起PA水解而导致分子量下降，使制品机械性能降低。

PA熔点较高，熔融温度范围窄，熔融状态下热稳定性差，料温超过300℃、滞留时间超过30min即分解；熔体黏度低、流动性大、易溢料，宜用自锁型喷嘴。

成型收缩率大，收缩方向性明显，易发生缩孔、变形。

调色时，油性的颜料在PA中会产生迁移。

第六节

聚酯、聚醚类

一、聚碳酸酯

聚碳酸酯（PC），俗称防弹胶，具有突出的抗冲击性、透明性和尺寸稳定性，具有优良的机械强度和电绝缘性，较宽的使用温度范围（－60～120℃）。PC的缺点是耐化学腐蚀性差、耐疲劳强度低、熔融黏度大、流动性差、高温易水解，60℃以上水煮影响韧性，100℃水煮变脆；易产生内应力，出现开裂现象。

1. 外观及简易识别方法

PC是无臭、无味、无毒、透明的热塑性聚合物，纯净聚碳酸酯无色透明，具有良好的透光性。PC原料外观无色透明，手感特别硬，抓在手中来回搓动会有沙沙的响声；少量样品放入水中，样品下沉。燃烧时火焰呈淡黄色，冒黑烟，燃烧速率慢，离开火源自动熄灭。

2. 物理特性

密度：$1.18\sim1.20g/cm^3$；

熔点：230℃；

成型温度：270～300℃；

分解温度：300℃以上；

烘料温度：110～120℃，4h；

使用温度：−60～120℃；

热变形温度为：145～155℃；

耐寒温度：−100℃；

成型收缩率：0.5%～0.8%；

透明度：89%。

3. 注塑加工参数与工艺特点

料筒温度如下：

喂料区	70～90℃（80℃）
区1	230～270℃（250℃）
区2	260～310℃（270℃）
区3	280～310℃（290℃）
区4	290～320℃（290℃）
区5	290～320℃（290℃）
喷嘴	300～320℃（290℃）

熔料温度：270～300℃。

料筒恒温：220℃。

模具温度：80～110℃。

注射压力：因为材料流动性差，需要很高的注射压力，一般为130～180MPa。

保压压力：保压压力为注射压力的40%～60%；保压压力越低，制品应力越低。

背压：10～15MPa。

预烘干：在120℃温度下烘干4h，要求水分含量低于0.02%，这样得到的制品力学性能更优。

回收率：最多可加入20%回收料；过高的回料比例会降低制品力学性能。

收缩率：0.6%～0.8%；玻璃纤维增强型为0.2%～0.4%。

机器停工时段：如生产中断，操作机器直到没有塑料挤出，并将温度降到200℃左右。清洗料筒可用高黏性PE；必要时将螺杆从热料筒中抽出并用钢丝刷刷去残料。

4. 成型工艺特点

PC料对水敏感，成型之前必须充分干燥，使含水率低于0.02%。在成型加工中微量水分在高温下会使制品产生白浊色泽、银丝和气泡。

PC成型收缩率小，易发生熔融开裂和应力集中。

PC 料对温度很敏感，其熔融黏度随温度的提高而明显降低，流动性加快。料温过低易产生缺口，使塑件无光泽；料温过高易溢边、起泡。

聚碳酸酯所用的着色剂除了要求耐热性和透明性好外，应特别注意它们对聚碳酸酯热加工时降解的影响。对聚碳酸酯降解影响比较大的着色剂是镉系颜料、酞菁颜料和炉法炭黑。含有结晶水的着色剂（如氧化铁黄）对聚碳酸酯也不适用。

二、聚对苯二甲酸丁二醇酯

聚对苯二甲酸丁二醇酯（PBT）是最坚韧的工程热塑性材料之一，它是一种半结晶型塑料，有非常好的化学稳定性、机械强度、电绝缘特性和热稳定性。最适宜的加工方法为注塑成型，其他方法还有挤出、吹塑、涂覆和各种二次加工成型。

PBT 最大的优点是在高温和低温下都具有优良的抗冲击性能，并且磨耗小（比 POM 小），最大的缺点是热稳定性差、耐酸性差。

1. 外观及简易识别方法

不透明到半透明的白色，有较高表面硬度和表面光泽。慢燃，离火后能继续燃烧，火焰上端呈金黄色，下端成蓝色，燃烧时发生熔融滴落，有浓烟和灰雾，并发出强烈的农药类刺激性气味。

2. 物理特性

密度：$1.53g/cm^3$。

熔点：纤维增强型 225～235℃；未增强型 225～235℃。

成型温度：245～270℃。

熔胶温度：230～250℃。

分解温度：280℃（料筒温度不可高于270℃，否则制品物理性能降低）。

热变形温度：纤维增强型 215℃；未增强型 67℃。

成型收缩率：纤维增强型 0.4％～0.8％，未增强型 1.5％～2.2％。

吸水率：0.03％～0.10％。

烘料温度：80℃～100℃，2h。

3. 注塑加工技术参数参考

料筒温度如下

喂料区	50～70℃（70℃）
区 1	230～250℃（235℃）
区 2	240～260℃（240℃）
区 3	250～260℃（250℃）
区 4	250～260℃（250℃）
区 5	250～260℃（250℃）
喷嘴	250～260℃（250℃）

熔料温度：235～250℃。

料筒恒温：210℃。

模具温度：增强型 80～90℃，未增强型 40～60℃。

注射压力：100～140MPa。

保压压力：注射压力的 50%～60%。

背压：5～10MPa。

预烘干：在 80～100℃，2～4h。

回收率：如果含有阻燃剂，可加入不超过 10% 的回收料，不含阻燃剂可加入 20% 回收料。

收缩率：1.4%～2.0%，模具温度越高，收缩率越大；纤维增强型收缩率 0.4%～0.6%。

机器停工时段：关闭加热系统，操作机器直到没有塑料被挤出为止。

4. 成型工艺特点

成型范围窄，温度低于 230℃ 时，原料不能充分熔融，缺乏流动性，高于 270℃ 时，容易热老化，韧性下降，色泽发生变化。

在高温下很容易水解。含水率增加，产品性能下降，成型前控制含水量在 0.03% 以下。

结晶速率快，成型周期短，应使用尽可能快的注射速率（因为 PBT 的凝固很快），注射压力中等。

三、聚对苯二甲酸乙二醇酯

聚对苯二甲酸乙二醇酯（PET）是一种乳白色或浅黄色的结晶性聚合物，表面平滑，硬度较高，有光泽，是一种发展迅速的工程塑料。

PET 具有磨耗小、硬度高、尺寸稳定性强、抗疲劳性好的优点，无毒，耐气候性好，抗化学药品稳定性好，吸水率低，耐弱酸和有机溶剂，缺点是不耐热水浸泡，耐碱性差。

1. 简易识别方法

外观无色透明，易燃，火焰上端呈金黄色，下端呈蓝色，燃烧时材料爆裂成碎片，离火后能继续燃烧。

2. 物理特性

密度：1.35～1.69g/cm³；

熔点：增强型 250～255℃，未增强型 250～255℃；

成型温度：增强型 270～300℃，未增强型 245～270℃；

分解温度：360℃；

烘料温度：100～110℃，2h；

使用温度：120～150℃；

热变形温度为：纤维增强型 220℃，未增强型 85℃；

玻璃化温度：69℃；

吸水率：0.06%～0.08%；

成型收缩率：增强型 0.35%～0.8%，未增强型 1.5%～2.0%。

3. 注塑工艺参数

增强型 PET		未增强型 PET	
喂料区	50～70℃（70℃）	喂料区	50～70℃（70℃）
区 1	260～280℃（265℃）	区 1	240～250℃（245℃）
区 2	270～290℃（270℃）	区 2	250～260℃（250℃）
区 3	280～290℃（280℃）	区 3	260～270℃（260℃）
区 4	280～300℃（290℃）	区 4	270～280℃（270℃）
区 5	290～300℃（290℃）	区 5	270～290℃（275℃）
喷嘴	290～300℃（290℃）	喷嘴	240～250℃（250℃）
模具温度	85～120℃	模具温度	85～120℃

熔料温度：增强型 270～290℃，未增强型 245～250℃。

模具温度：增强型 80～90℃，未增强型 40～60℃。

注射压力：100～140MPa。

保压压力：注射压力的 50%～60%。

背压：5～10MPa，避免产生摩擦热。

预烘干：100～110℃，2～4h。

机器停工时段：关闭加热系统，操作机器直到没有塑料被挤出为止。

4. 成型工艺特点

PET 树脂的玻璃化温度较高，结晶速率慢，成型周期长，成型收缩率大，尺寸稳定性差，耐热性低。

PET 吸水，在有水分的情况下，能引起分解，需要烘干，可以 120℃烘干 2～4h。

四、聚甲醛

聚甲醛学名聚氧化聚甲醛（POM），又称"赛钢"料，是热塑性塑料中最坚硬的一种，其力学性能最接近金属材料，分为均聚甲醛和共聚甲醛。

均聚甲醛料热稳定性差，加工温度范围窄（上下区间约 10℃，一般为 180～190℃）；共聚甲醛料成型加工温度范围较宽，上下区间可以达到 50℃。

1. 简易识别方法

POM 料外观淡黄或白色，为表面光滑、有光泽的扁圆型小颗粒，少量样品放置水中，样品下沉，燃烧时火焰蓝色，无烟，有甲醛气味，离火继续燃烧，有垂滴。

2. 物理性能

密度：共聚甲醛 1.41g/cm^3，均聚甲醛 1.43g/cm^3；

成型温度：185～190℃；

熔点：均聚甲醛175℃，共聚甲醛165℃；

熔料温度：均聚甲醛190～230℃，共聚甲醛190～210℃；

使用温度：-40～100℃；

热变形温度：均聚甲醛165～170℃，共聚甲醛158℃；

分解温度：均聚甲醛＞260℃，共聚甲醛＞250℃；

耐寒温度：均聚甲醛＞-60℃，共聚甲醛＞-60℃；

收缩率：均聚甲醛2.2％，共聚甲醛2％；

吸水率：均聚甲醛0.25％，共聚甲醛0.22％。

3. 注塑工艺参数

料筒温度

喂料区	40～50℃（50℃）
区1	160～170℃（165℃）
区2	170～180℃（170℃）
区3	185～200℃（185℃）
区4	185～200℃（190℃）
区5	185～200℃（190℃）

熔料温度：180～190℃。

料筒恒温：170℃。

模具温度：40～120℃。

注射压力：100～150MPa。

保压压力：80～100MPa，保压越长，零件收缩越小。

背压：5～10MPa。

预烘干：不需要预烘干，如果材料受潮，可在100℃烘干1～4h。

回收率：一般制品成型可用100％的回收料，精密成型最多可加20％的回收料。

收缩率：约为1.8％～3.0％，24h后收缩停止。

机器停工时段：生产结束前5～10min关闭加热系统，设背压为零，挤出清空料筒；当更换其他树脂时，可用PE清洗料筒。

4. 成型工艺要点

POM属结晶型塑料，熔融范围窄，熔融和凝固快，料温稍低于熔融温度即发生结晶，一旦达到熔点，熔体黏度迅速下降。当温度超过一定限度或熔体受热时间过长，会引起分解。POM流动性中等，对温度依赖性小，增加注射压力可以提高流动性。

均聚甲醛热稳定性差，极易分解，分解温度为240℃，材料分解后有刺激性和腐蚀性气体生成，所以材料在料筒内停留时间不可太长。

聚甲醛与多数颜料有较好的相容性，易于着色，但由于有些颜料具有酸性，所以聚甲醛用的颜料需要慎重选择。聚甲醛属结晶型塑料，使用染料着色会影响其结晶性能，所以要避免使用染料着色。

第七节

<<<

聚甲基丙烯酸甲酯

聚甲基丙烯酸甲酯（PMMA）俗称有机玻璃、亚克力，纯料透明性极好，光线可以在其内部传导，可作为光纤使用；能耐室外老化、暴晒而不影响透明度，其它透明塑料则不具备此特点。PMMA最大的缺点是表面硬度低，不耐划伤。

1. 外观及简易识别方法

PMMA料外观为无色透明的玻璃状物，有较高的光泽，表面硬度较低，容易被硬物划伤，难着火，但能缓慢燃烧，燃烧时易碎裂，熔融滴落，火焰下端呈蓝色，上端为黄色，顶端为白色燃烧时软化起泡，同时发出花果腐烂时的气味，离火后仍能继续燃烧。

2. 物理特性

密度：$1.19\sim1.22g/cm^3$；

溶化温度：$160\sim200℃$；

成型温度：$200\sim220℃$，温度太高，制品易变色；

分解温度：$270℃$；

热变形温度：$115\sim126℃$；

玻璃化温度：$105℃$；

最高使用温度：$65\sim90℃$；

透光率：$90\%\sim92\%$；

成型收缩率：$0.5\%\sim0.7\%$；

干燥条件：$70\sim80℃$，$1h$；

吸水率：$0.2\%\sim0.4\%$。

3. 注塑加工技术参数

料筒温度如下：

喂料区	$60\sim80℃$（$70℃$）
区1	$150\sim200℃$（$190℃$）
区2	$180\sim220℃$（$210℃$）
区3	$200\sim230℃$（$220℃$）
区4	$200\sim230℃$（$220℃$）
区5	$200\sim230℃$（$220℃$）
喷嘴	$200\sim230℃$（$220℃$）

熔料温度：$220\sim250℃$。

料筒恒温：$170℃$。

模具温度：$35\sim70℃$。

注射压力：$100\sim160MPa$，因为PMMA流动性较差，需要高的注射压力。

保压压力：一般为注射压力的 40%～60%，时间为 2～3min。

背压：需要相对高的背压，一般为 10～30MPa（背压不足易造成制品内出现空隙或灰黑斑纹）。

预烘干：80℃烘干 1～2h。

回收率：加入回料生产出的制品不再有好的光学质量。

收缩率：0.3%～0.7%。

机器停工时段：无需清洗。

4. 成型工艺特点

PMMA 的加工要求较严格，它对水分和温度很敏感，加工前要充分干燥，其熔体黏度较大，需在较高温度（215～230℃）和压力下成型，模温在 65～80℃较好。

PMMA 热稳定性不太好，没有明显的熔点，一般在 160℃开始软化，180℃左右能流动，分解温度为 270℃，注塑温度的可调区间比较大，如受高温或在较高温度下停留时间过长都会造成降解。

较厚的 PMMA 制件内易出现"空洞"现象，需用大浇口和"高料温、高模温、慢速"注射的条件来加工。

5. 适用着色剂品种

PMMA 在调色方面可选用的着色剂品种较多。为了保持制品的透明性，采用染料作着色剂是非常有利的。染料着色的制品主要用于户内，户外使用宜选用耐候性比较好的颜料，如钛白、镉系颜料、群青、酞菁铜、铁红、缩合偶氮颜料等，颜料务必均匀地分散于分散剂中，才能不影响透明性；可以将颜料与分散剂研磨成浆状物，与单体等组分搅拌混合，过滤后进行聚合再使用。

第八节

聚氯乙烯

纯净的聚氯乙烯（PVC）是一种白色的粉末，不能直接用于加工产品。常用的聚氯乙烯原料都是颗粒状的，它是一种多组分的塑料。在聚氯乙烯树脂粉中，可加入增塑剂增加它的流动性，加入稳定剂提高它的热稳定性，加入润滑剂提高它的脱模性还可以加入填料、着色剂、偶联剂等。各组分的含量不同，可以形成不同硬度的 PVC 颗粒，主要分为软质 PVC 和硬质 PVC。

软质 PVC 有橡胶弹性，耐折叠，电绝缘性优良，有耐火自熄性能，耐酸碱，但不耐有机溶剂，耐磨，能消声减振，常用作家电材料。硬质 PVC 表面硬度、拉伸强度、刚性等机械强度都高于 PE，接近 ABS，可以作为工程材料。硬质 PVC 低温会变脆；软质 PVC 低温会变硬。PVC 热稳定性差，加工过程中容易发生降解。

1. 外观及简易识别方法

因 PVC 料所含的组分不同，它的外观差异很大。有的透明如玻璃，也有不透明的；有的非常柔软，类似橡胶一样，有弹性，也有硬质的 PVC。

PVC 难燃，离火即灭，但燃烧时，火焰上端呈黄色，下端呈绿色（绿色是氯离子的特有色谱），冒白色烟雾（白色烟雾是 HCl 与水结合的产物），胶料发软，同时发出刺激性的气味，似盐酸。

2. 物理特性

密度：1.38～1.40g/cm^3；

软化点：65～85℃；

成型温度：130～150℃即可生产；

分解温度：160～180℃分解，200℃完全分解；

收缩率：0.2%～0.6%。

3. 注塑工艺参数

料筒温度如下：

喂料区	30～50℃（50℃）
区 1	120～130℃（130℃）
区 2	130～140℃（135℃）
区 3	140～150℃（140℃）
区 4	140～150℃（140℃）
区 5	140～160℃（140℃）
喷嘴	140～160℃（140℃）

熔料温度：120～150℃。

料筒恒温：120℃。

模具温度：30～50℃。

注射压力：80～120MPa。

保压压力：注射压力的 30%～60%。

背压：5～10MPa。

注射速度：为了获得好的表面质量，注射速度不能太快，可采用多级注射。

预烘干：一般不需要预烘干，如果贮藏条件不好，在 70℃的温度下烘干 1h 就可。

回收率：允许在材料没有热分解的状态下再生利用。

收缩率：0.2%～0.6%。

机器停工时段：关闭加热，操作机器清空料筒，再用 PE 料清洗料筒，否则材料在料筒时间过长，会产生分解与烧结而生成黑点。

4. 成型特性

PVC 为无定形高聚物，没有明显的熔点，一般加热到 120～145℃就能熔化，150℃以下就能分解出 HCl 气体；180℃就大量分解成 HCl 气体，对设备和模具形成较大的腐蚀，对人有刺激性，注塑温度的可调区间较小。

聚氯乙烯的熔体黏度大，薄壁制品容易发生缺胶，因此浇口和流道要相对较大。

5. 适用着色剂品种

聚氯乙烯是常用的塑料之一，应用着色剂时，主要考虑颜料对树脂热稳定性的影响以及由于增塑剂的存在而产生的迁移问题。

第九节 　　　　　　　　　　　　　　　　　《《《

热塑性弹性体

热塑性弹性体 TPE 和 TPR 具有传统橡胶柔软、弹性、触感佳的优点，还具有一般热塑性塑料加工简易、可回收再利用的优点，可替代 PVC，适于注塑、挤出成型等多种加工工艺，易成型，可配色。

1. 简易识别方法

外观为白色或微黄色粒状材料，无光泽，手感有弹性，容易带静电吸附灰尘。

2. 物理特性

密度：0.95g/cm^3；

成型温度：160～200℃；

分解温度：280℃。

3. 注塑加工参数

料筒温度

喂料区　　　50～60℃（50℃）

区 1　　　　160～170℃（160℃）

区 2　　　　160～170℃（165℃）

区 3　　　　170～180℃（170℃）

区 4　　　　170～180℃（180℃）

区 5　　　　180～200℃（190℃）

喷嘴　　　　180～220℃（200℃）

熔料温度：150～180℃。

料筒恒温：120℃。

模具温度：40～60℃。

注射压力：100～160MPa。

保压压力：注射压力的 30%～60%。

背压：3～10MPa。

预烘干：不需要预烘，如果贮藏条件不好，在 70～80℃温度下烘干 1～2h。

回收率：允许在材料没有热分解的状态下再生利用。

机器停工时段：关闭加热，操作机器清空料筒，再用 PE 料清洗料筒，否则材料在料筒时间过长，会产生分解与烧结而生成黑点。

4. 成型特性

热塑性弹性体的成型特性可参考 PVC 料。

第四章

塑料配色方法和技巧实例讲解

本章以具体的塑料制品颜色和国际通用的 PANTONE 色卡号颜色来做样板，详细讲述调色技巧。PANTONE 俗称潘通色卡，是调色行业常用的国际通用色卡，有 C 版（铜版纸）与 U 版（哑光纸）之分，塑料行业用 C 版的较多。对色光源以自然光，设备以打样用的小型注塑机为标准。实例中使用的色粉原料不标明型号，原因有三：

第一，目前存在的颜料品种非常多，同一型号不同厂家生产的色粉着色力不一样；每个调色技术人员的经验不同；控制成本对价格的要求不同，因此需要选用不同的色粉调配来达到客户要求，如果标明具体的色粉型号只会对学习产生误导。

第二，实例中的色粉用量会因为不同厂家的色粉着色力而不同，因而不是固定不变的。最重要的就是要根据量的变化来把握调色中各种色粉组合的比例变化，这是调色技术提高的关键之一，调色速度的快慢就取决于对比例的把握。

第三，在实际调色中要根据树脂的成型条件去选用适配的色粉。色粉厂家都会提供相关参数的具体数据。

打板方法：根据注塑机器的大小，称取相应的塑料原料如 250g，这 250g 为一袋树脂 25kg 的 1/100；如果称 500g 为 2％，以此类推。

称量色粉的时候也以配方上这种色粉重量的 1％ 称取，与之相适应。例如 35g 荧光红可以称取 35g 的 1/100，即 0.35g，此为直称法。

最好是把配方上的色粉按比例称量好放在塑料袋里，进行手工搓粉，再按比例称取，进行调色，这样打样的颜色准确性高。

第一节

调色思路与步骤

一、调色步骤

调色步骤如下：

审样——分析色相——试配——微调——留底与寄送样品

二、调色思路详解

1. 审样

通过对样品的观察,根据要求选择色粉。通常从以下几个方面考虑。

① 配色的第一步是必须对客户样品有一个全面的了解。客户提供的样品是塑料制件,还是 PANTONE 号,还是照片、画布、金属件或油漆件等色样。

② 根据塑料原料,区分软硬胶用色粉。不管是什么色样,首先要询问是用什么原料,从原料类别上可以把选择色粉范围缩小成适应软胶还是硬胶用的色粉。

注意:塑料原料最好是由客户自己提供,最少也要保持同一厂家同一型号的原料,才能保证颜色的准确性。

③ 根据成型工艺选择色粉,要询问客户是用什么工艺成型,如 LDPE 采用注塑、吹塑成型,工艺温度为 220℃;采用涂膜挤出,工艺温度则为 320℃;用在电缆挤出,工艺温度为 250℃。从成型条件上可以确定是用中温色粉还是耐高温色粉。

④ 对耐候性、耐化学稳定性,加不加填充料或其它助剂还有环保方面等有没有特殊要求。如果加有填充料,在调配色时也按一定的比例加入,在环保方面,控制好每一种色粉的安全用量。

⑤ 在什么光源下对色,有没有特殊要求。是在自然光(偏暖、红黄相光线)、日光灯(偏冷、蓝相光线)、还是 D65 等国际标准日光光源下对色。特别是使用了含有荧光颜料的色板,在自然光、日光灯、紫外光等不同的光源下都会有不同的显示。

2. 分析色相

调色时遵循先调深浅,再调色相,最后微调色差的原则。深浅用黑、白色粉和色粉自身的浓淡还有饱和度来调配。

分析色相的方法如下:

(1) 观察样品的透明度,样品一般有透明、半透明和不透明三种(行业内称实色,很实色指透明度低,较实色指透明度一般,下同)。

实色程度的调整方法有两种,一种方法是加大钛白粉的用量,另一种方法是增加色粉的饱和度。

① 如果样品表面反白色,也就是实色中带一些白光(也叫有灰份,灰色成分;实际说的就是色彩属性中的明度,含白多,则明度高,含黑多,则明度低),那肯定加有钛白粉。如果反白很重,那钛白粉含量肯定多。

② 如果样品很鲜艳,也就是色度高(也称彩度高,饱和度高;色粉含量多,颜色的明亮度就高,颜色也深、浓;色粉含量少,颜色就浅,色彩的明亮度就低),

钛白粉用量就比较少，彩色色粉的用量就多。

③ 如果样品色泽深浓鲜艳，表面又反白，那就只能加大钛白粉用量，加大彩色色粉用量来调配，相对来说成本较高。

如果样品是透明的，就要选择透明性好的有机颜料或染料。如果样品是半透明和不透明的，要根据经验估计出样品内的钛白粉含量，再观看色相确定是否要加入黑色，并且估计出黑色所占比例。也就是说先观察深浅估计出黑色和白色的占有量；如果是很鲜艳的颜色，就只要考虑颜色的主色、副色和该颜色的饱和度。

配色时首先要确定钛白粉含量，这是关系到调色技术与调色速度的关键所在，钛白粉用量一变，颜色会变化很大，其它颜料用量要随之变化。加入钛白粉可以降低塑料的透明性，随着钛白粉用量的增加，色相变浅。深颜色制品一般不用钛白粉，具体情况要看样板。

（2）分析配色样板的色调范围是由哪几种色组成，哪种是主色，哪种是副色，各占多大比例，要做到心中有数。尽量选用与样板颜色色光相近的颜料，如调红色系颜色，色板偏黄红选用大红做主色，偏鲜艳选用艳红或荧光红色来做主色。

（3）观察样板的鲜艳度，考虑是否要选用荧光色粉或加入增白剂。

例如调白色，首先要看样板实色程度，也就是深浅度，白色以钛白粉为主色，估计出钛钛白粉的数量，争取后面不要再变动。再看色光的偏向，是偏黄白、紫红、蓝白、磁白，灰（黑）分有多少，各占多少比例，一般其它颜料所占的比例很小。然后仔细观察样板颜色的光亮鲜艳度，确定是否需要加入增白剂。

3. 试配

根据前面对样板的分析，选择色粉的范围就变得很小，配方也就在脑海中呈现出来了。根据原料类别选择适用于软胶或硬胶的色粉，是耐中温还是耐高温色粉。根据透明程度选择透明或不透明的颜料，确定钛白粉含量及黑、灰色程度占多大比例，然后根据样板色相、深浅、明亮程度选择色粉品种。

但是这所有的一切数据都还只是估计，接下来就要大胆的拟出配方，试配出一个基础色样。将基础色样与样板比色，根据实际情况加减色粉用量和品种进行微调。

配方拟定第一步是定出钛白粉量，写在最底行；第二步估计出黑粉用量，写在倒数第二行；第三步估计出主色用量，写在最上面第一行；第四步估计出副色所占比例写在第二行，两个以上副色写在第三行；如果要用荧光色粉或增白剂写在第四行。如果使用拼色相加的方法来调配时，要先估计出两种色的占比。举例如下。

大红色 3/4：5g（主色）

大黄色 1/10：20g（副色，加重黄光，相当于原粉着色 2g）

黑粉 1/100：20g（调深，相当于原粉着色 0.2g）

钛白原粉：20g（主要起调透明度的作用，辅助调整色光）

根据拟定的配方，以一份树脂量（25kg）的比例来调配。打样的注塑机一般型号较小，一次用 25kg 的 1% 的树脂量（250g）来进行打板。色粉原料可以根据前面介绍的改性加工方法制成原色粉着色力的 1/4 浓度、1/10 浓度、1/100 浓度、1/1000 浓度。

4. 微调

一般 1～2 次就可以把 80% 的色相、明度、彩度打出来，3～4 次就进入到微调。

根据样品颜色的色相、深浅、鲜艳程度加减色粉用量，反复试验直到符合样板色泽要求，轻微色差可以利用补色与消色的原理及深浅、浓淡结合来调配修正。

5. 留底与寄送样品

一般打样后要留下两块色板保存，以便日后备用，其他寄送客户待确认。如果客户提供的色样不是塑料制件，而是提供 PANTONE 号、照片、金属件、油漆件等来调配颜色，由于材质不同，所调配出来的颜色会有一定的差别，可以提供接近样板色上、中、下各 10% 左右色泽的样板供客户选择。

第二节
调白色系列颜色

白色是全部可见光均匀混合而成，称为全色光。白色明亮、朴素、雅洁，又是自然光色，是光明的象征。

一、常见的白色系颜色

白色是一种很敏感的色彩，只要掺入某种彩色或黑灰色，就会偏向某一种色而呈现出各种不同的白色。比较常见的有黄白（如电脑白）、蓝白（如特白、群青雕白）等（图 4-1 和图 4-2）。

图 4-1 黄白（电脑白）、蓝白（特白）与米白

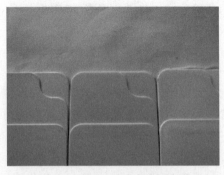

图 4-2 红白、灰白与磁白

二、常用的白色色粉

白色色粉中应用最多的是钛白粉（二氧化钛），钛白粉主要有锐钛型（A）和金红石型（R）。钛白粉可提高遮盖力、耐候性，增强抗褪色性。

钛白粉粒径大的呈蓝光，粒径小的呈黄光。在调色中钛白粉除了用来调配白色外，还常常用来调节塑料的透明性。加入钛白粉，可以降低塑料的透明性，同时使颜料的色相变浅、变淡。钛白粉用量变化，其他颜料用量要相应随着变化。

三、加入钛白粉对透明性的影响

钛白粉含量少时，PP料的白度随着钛白粉含量的增加而提高；当含量超过1.5％时，白度不再上升，这说明超过一定浓度范围后，增加钛白粉用量并不能提高白度。如果要进一步提高白度，可添加荧光增白剂。

在调色中，钛白粉含量对塑料透明性影响如图4-3～图4-8所示。钛白粉含量对透明性的影响一定要熟记在心，这关系到调色技术的提高。

图 4-3 ABS757 原料底色板（半透明稍偏黄）

图 4-4 底色板与加入 50g 钛白粉量比较

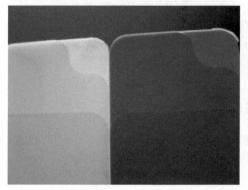

图 4-5 底色板与加入 100g 钛白粉量比较

图 4-6 底色板与加入 200g 钛白粉量比较

图 4-7　底色板与加入 300g 钛白粉量相比较　　图 4-8　底色板与加入 600g 钛白粉量相比较

四、加入增白剂对颜色的影响

因为增白剂消黄色光，因此在白色中加入增白剂，会使色相变白，变成偏蓝的白，同时光泽变亮。1 份（25kg）PP 料中加入钛白粉 150g，与再加入 KSN 型号增白剂 10g、5g 注塑板对比，结果如图 4-9 所示。

图 4-9　加入增白剂 KSN 10g、5g 与无增白剂板对比

五、ABS757 料调实色白实物举例

以 ABS757 料调实色白，如图 4-10 和图 4-11 所示，烘料 80℃，2h，对色光源自然光。

（1）审样、拟定基础配方

仔细观察该颜色，面色为灰白色，较实色、透明度小，且面色带黄、红光，明度高；底色偏红、黄。

图 4-10　面色　　　　　　　　　　　　图 4-11　底色

根据先调深浅后调色相的原则，先估计钛白粉量，初步定为 120g；色相白中带红黄光，拟定基础配方。

钛白粉：120g

炭黑 1/100：10g

啡黄 1/100：15g

紫红 1/100：5g

扩散粉：30g

计量 180g 一份（一份色粉指一袋树脂 25kg 色粉的用量）打板，效果如图 4-12 所示。

图 4-12　第一次板与样板色相相比，明显偏黑、偏深、偏红

（2）第一次板与样板色相相比明显偏黑、偏红、整体偏深。调色思路是减黑，减红。调整后的配方为：

钛白粉：120g

炭黑 1/100：5g，减少了 50%

啡黄 1/100：12g，减少了 3g，占原来 15g 的 20%

紫红 1/100：4g，减少了 1g，占原来 5g 的 20%

扩散粉：30g

计量 171g 一份打板，效果如图 4-13。

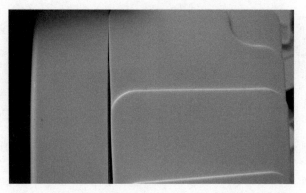

图 4-13　第二次板与样板色相相比偏白，偏黄，不够灰份

（3）第二次板与样板色相相比偏白，偏黄，不够灰份，调色思路是加黑，减红。

调整后的配方为：

钛白粉：120g

炭黑 1/100：7g，增加了 2g，占原来 5g 的 40％

啡黄 1/100：10.5g，减少了 1.5g，占原来 12g 的 10％

紫红 1/100：3g。减少了 1g，占原来 4g 的 25％

扩散粉：30g

计量 170.5g 一份打板，效果如图 4-14 所示，可以看到，底色、面色与样板基本接近。

图 4-14　底色、面色与样板基本接近

六、ABS121 料调特白色举例

以 ABS121 料调如图 4-14 所示特白色，烘料 80℃，2h，对色光源自然光。使用硬胶色粉或通用型色粉。

（1）审样、拟定基础配方

在塑料调色中，调磁白与特白色，我们一般选用蓝相钛白粉、群青、紫红和增白剂来调配。仔细观察图 4-15 颜色，为典型的蓝相特白，鲜艳夺目，底色很实色。

图 4-15　特白色色样

拟定基础配方：

钛白粉：200g

群青 1/10：20g

紫红 1/100：10g

硬胶增白剂原色粉：5g

扩散粉：40g

计量 275g 一份打板，效果如图 4-16 所示。

图 4-16　第一次板与样板相比不够蓝，不够白，不够亮，较偏深，偏黄

　　（2）第一次板与样板相比不够蓝，不够白，不够亮，较偏深，偏黄，调色思路是加蓝，加增白剂（加增白剂会消黄光，色板中的黄来自于树脂原料的底色）。

调整后的配方为：

钛白粉：200g

群青 1/10：30g，增加了 10g，占原来 20g 的 50%

紫红：1/100：7.5g，减少了 2.5g，占原来 10g 的 25%

硬胶增白剂原色粉：8g，增加了 3g，占原来 5g 的 60%

扩散粉：40g

计量 280.5g 一份打板，效果如图 4-17 所示。

　　（3）第二次板与色样相比较不够红，不够蓝，光泽不够亮，调色思路是再加蓝，加红，加增白剂。调整后的配方为：

钛白粉：200g

图 4-17　第二次打板与色样相比不够红，不够蓝，光泽不够亮

群青 1/10：35g，加了 5g，占原来 30g 的 15％

紫红 1/100：8.5g，加了 1g，约占原来 7.5g 的 10％

硬胶增白剂原色粉：10g，增加了 2g，占原来 8g 的 25％

扩散粉：40g

计量 293.5g 一份打板，效果如图 4-18 所示，与色样接近。

图 4-18　第三次打板与色样接近

七、调配白色系列颜色技巧

① 一般情况下，钛白粉颗粒越细，其着色力越高，遮盖力越强。在调色中要注意白色中的灰份（也就是明度）用黑色来调和。白色的色光可以偏向任何一种色，但是总体分为蓝相白与黄相白，在调色中注意拼色原则。

② 白色一般应用于浅色塑料制品中，通常用加入大量钛白粉和少量颜料来配制。

③ 调特白要选择底色调带蓝光的钛白粉，如果选用底色调带黄光的钛白粉，会增加难度与成本。群青在白色中有增白和调色的作用，它能清除塑料基材与钛白粉本身所带的黄色色光。

④ PP、ABS 料中钛白粉最佳含量为 1％，PVC 料中为 4％。随着钛白粉用量的增加，其遮盖力逐渐提高，当含量大于 8％时遮盖力不再上升。

第三节

<<<

调黑色系列颜色实例讲解

一、认识无彩色

无彩色在心理上与有彩色具有同样的价值。黑色与白色代表色彩世界的阴阳两极，黑色意味着空无，像永恒的沉默，而白色则有无尽的可能性。

1. 黑色

从理论上看，黑色即无光，是无色的色。只要光照弱或物体反射光的能力弱，都会呈现出相对黑色的面貌。

黑色在调色中既用于着色，也用于调节颜色的明度（明暗、深浅）。每个颜色深浓到极处都呈黑色。

2. 白色

白色是全部可见光均匀混合而成，称为全色光。

白色中应用最多的是钛白粉，在调色中常用来调节塑料的透明性，加入钛白粉，可以降低塑料的透明性，同时使颜料的色相变浅变淡，钛白粉用量增加，颜色变淡。每个颜色浅到极处也呈现出白色。

3. 灰色

居于黑色与白色之间，属于中等明度，是无彩度及低彩度的色彩，能给人以高雅、含蓄的感觉。

灰色在整个色彩体系中，是最被动的色彩，依靠邻近的色彩获得生命，无论黑白的混合、补色的混合、全色的混合，最终都成为中性的灰色。

二、PANTONE 色卡上的黑白灰色系

PANTONE 色卡上的黑白灰色系如图 4-19 所示。

在色彩世界中，无论是各种有彩色还是黑色、白色本身，深到极处就是黑色，浅到极处就是白色；在黑色与白色中，只要掺入某一种有彩色就会变成带这种色光的黑灰色。

三、黑色色粉原料的选取技巧

塑料调色中常用的黑色色粉主要是炭黑（颜料黑 7#）。

在应用中要注意炭黑的色调，粒径小的底色呈棕光（红黄），粒径大的底色调为蓝色，如图 4-20 所示。其次就是用红、黄、蓝拼色来调配带各种色光的黑色和特黑色。

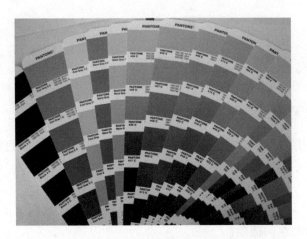

图 4-19　PANTONE 色卡上的黑白灰色系

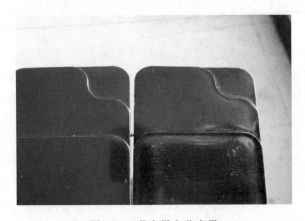

图 4-20　黄底黑和蓝底黑

四、黑色系列调色技巧

这里主要介绍用红、黄、蓝拼色来调配黑色。

① 除了用炭黑、油溶黑来调配黑色，还可以用黑色颜料、染料加上助剂材料制成黑种（黑色色母粒）来调配黑色。

② 在黑色中加入少量的白色即成为黑灰色。

③ 黑色与某种红、黄、蓝色拼色，可以调配带有各种不同色光的黑色。

④ 除了以上几种调法还可能遇到用黑色色粉达不到效果的特黑色样板。这时就可以选择用红、黄、蓝三原色拼色来调配特黑色。

因为黑色可以看成是由红、黄、蓝三种原色组成的色，或是一个间色与另一个原色组成的色彩。根据色相的色光偏向，红多呈红相黑色，蓝多呈蓝相黑色，黄多成黄相黑色，如图 4-21 和图 4-22 所示。在实际中要灵活应用。

图 4-21　蓝相黑及特黑

图 4-22　黄相黑及红相黑

五、三原色调特黑色实例讲解

特黑色一般为蓝相黑色，基本比例为蓝色色粉 2 份，红色色粉 2 份（最好是深的紫红），黄色色粉 1 份（2∶2∶1）。

这个比例具体要根据各种色粉原料的着色力来定，要选用着色力高的红、黄、蓝色粉。如图 4-21 中的特黑效果（没有加增亮剂）。

用红、黄、蓝调黑色举例，以 PP800 料调特黑色，色样如图 4-23 所示，对色光源自然光。

图 4-23　特黑色色样

1. 审样、拟定基础配方

观察该颜色为特黑色，黑色中偏蓝光，不要以为黑色很容易调配，其实越深的颜色难度越大，需要仔细分析所带色光，慎重选择色粉组合。

拟定基础配方为：

原色粉红光蓝：30g

深红：20g

红光黄：10g

扩散粉：50g

计量 110g 一份打板，效果如图 4-24 所示。

图 4-24　第一次板与色样相比较偏深，偏红

2. 比色微调

第一次板与色样相比较偏深，偏红，调色思路是减蓝、减红。

调整后的配方：

原色粉红光蓝：25g，减少了 5g，占原来 30g 的 15％

深红：14g，减少了 6g，占原来 20g 的 30％

红光黄：10g

扩散粉：50g

计量 110g 一份打板，效果如图 4-25 所示，与色样接近。

由于篇幅限制，省略掉一些比色微调步骤，调色原则就是深了就减，浅了就加，色相偏了也是加减该色光的色粉量，不够鲜艳就换色粉或换荧光色粉重调。

图 4-25　与色样基本接近

第四节

调灰色系列颜色

灰色是由黑加白组成的，由黑与白所占有的比例多少而呈现出各种深浅不同的灰色系颜色，当掺入有一定比例的有彩色时，呈现出偏向于有彩色的灰色。靠近红、黄色系的灰色叫做暖灰色；靠近蓝、黑色的灰色叫做冷灰色。

一、ABS757 料调 PANTONE 421C 灰色举例

以 ABS757 料调 PANTONE 421C，烘料 80℃，2h，对色光源为自然光。色样如图 4-26 所示。

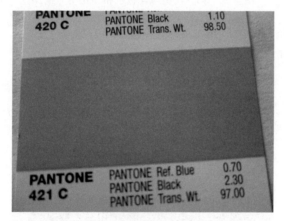

图 4-26　色样 PANTONE 421C

1. 审样、拟定基础配方

观察色样颜色为浅冷灰色，但是面色中泛红、黄光，明度较高。定基础、配方的思路是，以黑白为主色，掺入小量红黄色调色光。

拟定基础配方为：

钛白粉：70g

炭黑 1/10：10g

啡色 1/100：5g

扩散粉：30g

计量 115g 一份打板，效果如图 4-27 所示。

2. 比色微调

第一次板与样板色相比较明显偏深，调色思路是减黑，加黄。

调整后的配方为：

钛白粉：70g

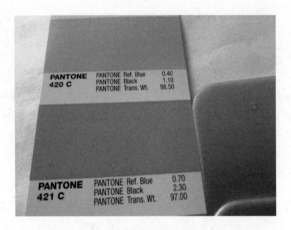

图 4-27　第一次板与样板色相相比明显偏深

炭黑 1/10：6g，减少了 4g，占原来 10g 的 40％

啡色 1/100：6.5g，增加了 1.5g，占原来 5g 的 30％

扩散粉：30g

计量 112.5g 一份打板，效果如图 4-28 所示。

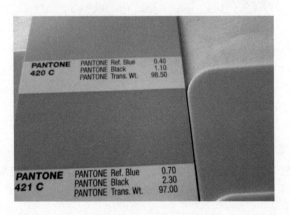

图 4-28　第二次板与样板色相比较稍偏浅，不够红黄

第二次板与样板色相比较稍偏浅，不够红黄，调色思路是再加深些，加红黄色。

调整后的配方为：

钛白粉：70g

炭黑 1/10：7g，增加了 1g，约占原来 6g 的 15％

啡色 1/100：7g，增加了 0.5g

扩散粉：30g

计量 114g 一份打板，效果如图 4-29 所示，与样板色相接近。

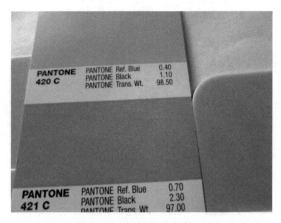

图 4-29 与样板色相接近

二、调配灰色系列颜色技巧

① 灰色是由黑与白组成的颜色，明度高的（浅灰）白多黑少，明度低的（深灰）黑多白少，再掺入少量有彩色来调整色光的偏向。

② 灰色也可以看成是由红黄蓝三种原色组成的色，因为红黄蓝三色在一起，一定会产生补色的混合，就会产生灰色，有的灰色同时用红、黄、蓝、白、黑五种颜色来调配。调冷灰用黑、白与蓝、绿组合来调配，调暖灰用黑、白与红、黄或啡色系色粉原料来组合调配。有突出的色光偏向加大其色粉的用量就行。

③ 在选用炭黑调配灰色时，要注意炭黑的颗粒大小。炭黑粒径小，底色调为棕色光，加入钛白粉时呈现带黄色调的灰色；炭黑粒径大，底色调为蓝色光，加入钛白粉时会呈蓝色调灰色。

第五节 ‹‹‹
调红色系列颜色

一、PANTONE 色卡上的红色系

PANTONE 色卡上的红色系颜色如图 4-30 所示。

红色系中除了不偏黄也不偏蓝的大红色外，其他颜色都有两种色光偏向，一种偏黄光，一种带蓝光（偏紫）。随着黑、白颜色的掺入量不同，呈现出深浅（明度）不同的多种红色。随着颜色的饱和度不同，呈现出鲜艳度（彩度）不同的多种红色。在调色中调整鲜艳度有增加饱和度和选用荧光红色色粉两种方法。

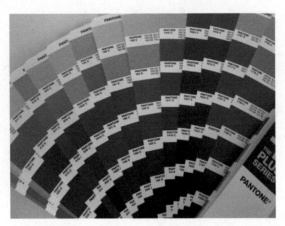

图 4-30 PANTONE 色卡上的红色系

二、红色系列色粉选用技巧

红色系列色粉原料与颜色的色光偏向一样，总体分为蓝光红（偏紫，如玫瑰红）和黄光红（如大红、橙红）。根据着色力浓度又有深浅之分，有深蓝光红（如深红、紫红、玫瑰红色），深黄光红（如栗红，暗红）。

荧光红系列也分为蓝光红（如荧光桃红、荧光紫红）和黄光红（如荧光红、荧光橙红）。

根据色粉与塑料原料的耐温、相容、分散、迁移等物理适应性的不同，每种色系又分成软胶色粉与硬胶色粉。调软胶制品要根据色相选用与软胶原料相适应的蓝光红或黄光红。调硬胶制品要根据色相选用与硬胶原料相适应的蓝光红或黄光红。再根据样板深浅程度，确定选用着色力高还是着色力弱的颜料。根据样品的鲜艳度考虑是否要加入荧光色粉。最简单的判别办法是在灯箱内 UV 灯管下照看是否有荧光。根据透明程度考虑是用透明色、遮盖力一般的色粉或是遮盖力强的色粉。在定基础配方之前，每一个因素都要考虑进去。红色系列颜色如图 4-31～图 4-34。

图 4-31 偏紫的红，大红与深红色

图 4-32 偏紫的、大红色的、偏黄的荧光红

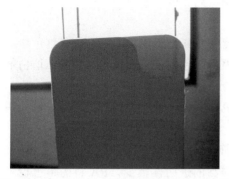

图 4-33　蓝光红，表面红色带紫光，底色偏紫　　　图 4-34　黄光红，表面大红色，底色偏黄

在选择色粉时还要分清色粉的底色与面色，如前所述，底色指光的透射所反射的可见光；面色指光的折射，也就是物体表面反射的可见光。

这里涉及到一种颜料的同色异谱现象，也就是面色色相相同，而底色不同，即组成这个色相的光谱成分不同。

同样一个颜色，有的底色会偏红，有的底色会偏黄，但面色一致，肉眼看不出太大的色差。

三、PA6+GF15%料调红色实物举例

1. 审样

塑料原料为 PA6＋GF15％（尼龙＋15％玻纤），成型温度一段 260℃、二段 270℃、三段 280℃；烘料 120℃，4h，对色光源为自然光，样品的底色、面色如图 4-35 和图 4-36 所示。

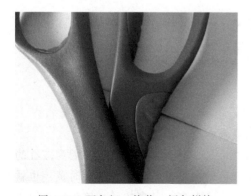

图 4-35　面色红，偏黄，颜色鲜艳　　　　　图 4-36　底色较实色，透明度很低

首先来整理调色思路。

第一，尼龙料（聚酰胺）属于硬胶，需要耐高温。

第二，色相是红色；红色系颜色只有偏黄光和偏蓝光两种偏向，要选用耐高温的硬胶红色系列偏黄光的色粉。

第三，根据样品的实色程度与鲜艳程度来判断是否用黑、白与荧光红色粉。

调红色与黄色一般不直接加增白剂（因为红色内多带有黄光，黄粉压增白剂）。如果样品比较鲜艳，要使用荧光红系列组合来调配。

样品面色红色，偏黄，颜色鲜艳，底色很实色，透明度低。光泽度可以不用考虑，与原料和模具有关。

2. 选色粉（耐高温与适用于 PA 料和符合客户环保要求的色粉）

（1）本着先调深浅后调色相的原则，样品的透明性很少，PA 料的本色也是不透明的，样品红色深浓鲜艳，表面又反白，据经验估计初定 30g 钛白粉。

（2）样品红色的饱和度很高，很鲜艳。依据色粉原料着色力的经验，选用黄光红原色粉（浓度 100％）6g；带黄光荧光红色粉（浓度 1/10）20g，相当于原色粉 2g，占黄光红原色粉的 30％。共计黄光红原色粉量为 8g（白＋红会变紫，因此要加大红色和黄色色粉的量）。

（3）考虑到样板偏黄较重，选用耐高温、偏红光的黄色色粉（3/4 浓度），3g，占红色原色粉的 1/4（注意色光的搭配）。

（4）因为加有 30g 钛白粉且原色粉较多，再加入扩散粉 20g 增加扩散效果。

经过审样估计，拟定基础配方为：

钛白粉：30g

黄光红：6g

荧光红 1/10：20g

红光黄 3/4：3g

扩散粉：20g

合计 79g 一份打板，效果如图 4-37 所示。

在打样前要根据厂家生产工艺所提供的成型温度打板，如果没有特殊要求，就按该原料合适的成型温度打板，同时按一定比例加入白矿油、扩散油等润湿剂、分散剂，与塑料原料摇匀后再打板。

3. 比色

第一次试板与样板相比较偏深，偏红，不够黄。要估计出偏深的量占多少比例，然后调整配方。通过增减色彩的饱和度来调整色相的色差。

因为不够黄，要加大红光黄色。增加了 1.5g，占原 3g 的 50％。因为减红的同时，红中的黄色也减掉了，可以稍为加大黄色的加入量。减红色的同时黄色也就突出了。其它不变。在调色中一次更改的因素不要太多，过多的话，该色粉在树脂中的比例变化就不会很清楚。特别是钛白的量不要轻易改动。

调整后的配方为：

钛白粉：30g

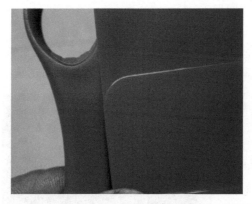

图 4-37 第一次试板比样板偏深，偏红，不够黄

黄光红：4.5g，减少了 1.5g，占原黄光红 6g 的 20％

荧光红 1/10：20g

红光黄 3/4：4.5g

扩散粉：20g

共计减红 20％，增黄 50％

合计 79g 一份打板，效果如图 4-38 所示。与样板色比较还是偏红，偏艳，不够黄，不够灰。

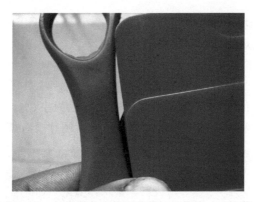

图 4-38 与样板色比较还是偏红，偏艳，不够黄

4. 微调

与样板色比较还是偏红，偏艳，不够黄。估计整体偏深，偏红，偏艳 10％～15％。深、红、艳也就是代表色彩三属性中的明度、色相、彩度，这三个要素要同时考虑。调色思路还是减红加黄。调整后的配方为：

钛白粉：30g

黄光红：4g，减少了 0.5g

荧光红 1/10：15g，减少了 5g，相当于原色粉 0.5g

红光黄 3/4：5g。增加了 0.5g

扩散粉：20g

共计减红 1g，约占原来红色量的 15%，增黄 0.5g 约占黄色总量的 10%。

合计 74g 一份打板，效果如图 4-39 所示，与样板颜色基本接近。

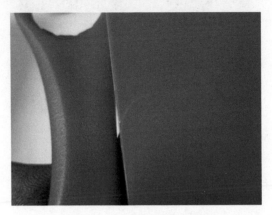

图 4-39　与样板颜色基本接近

四、ABS121 料调 PANTONE 185C 红色举例

1. 审样

在调色之前，首先要了解客户的原料与要求。原料 ABS121，注塑温度 220℃，对色光源自然光，无透明度要求，烘料 80℃，2h。

色样分析：

打开 185C，第一印象是一种很浓很鲜艳的红色，红中带黄，光泽夺目，如图 4-40 所示。因为颜色鲜艳，就要想到要以荧光红色为主色，其它色光为辅色（这个实例可以对比色卡学习，由于相机光线的影响，图片没有那么鲜艳夺目）。

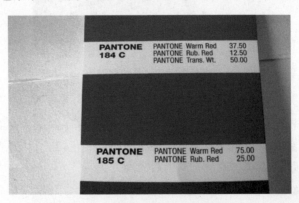

图 4-40　PANTONE 色卡 185C

2. 选色粉

ABS121 为半透明或不透明颗粒，光泽度好，选择适用于硬胶、色相为黄光红和荧光红的色粉，再选取色光偏蓝紫的（如紫红色）、色光偏红的黄色色粉备用，为色光调整做准备。

3. 拟定基础配方

（1）因为色卡样颜色浓艳，饱和度高，无黑白等灰色成分，可以考虑不加钛白粉，应以荧光红为主色。拟定基础配方为：

荧光红原色粉（100%）：35g，荧光色粉的着色力一般较低

大红色原色粉（100%）：5g

扩散粉：20g

合计 40g 红色色粉，以保证色相的浓、艳，也就是饱和度高和彩度高。

共计量 60g 一份打板（一份色粉指一袋树脂 25kg 色粉的用量），效果如图 4-41 所示。

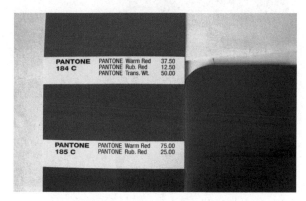

图 4-41 第一次试板与色卡相比偏深、偏红

（2）比色和微调

第一次试板与色卡相比偏深、偏红，调色思路是减红。调整后的配方为：

荧光红原色粉（100%）：28g，减掉了 7g，占原来 35g 的 20%

大红色原色粉（100%）：5g

扩散粉：20g

合计 53g 一份打板，效果如图 4-42 所示。

（3）第二次打板与色板相比，稍偏浅，但与第一次相比较，明显变浅。调色思路是再加红，根据上次减掉的 20% 比例产生的变化可知，红色减少太多，可以再加 5% 左右的荧光红色。调整后的配方为：

荧光红：30g

黄光红：5g

扩散粉：20g

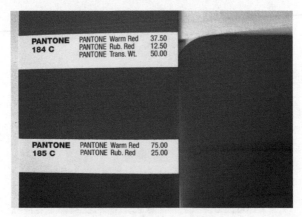

图 4-42　第二次打板与色板相比，稍偏浅

计 55g 一份打板，效果如图 4-43 所示，已接近色板。

图 4-43　第三次打板与色板接近

五、调红色系列要点与技巧

① 在红色中加入白色、黑色与增白剂都会不同程度的朝紫的方向发展，同时变成浅红、深红与紫红。

② 拼色原则：光大红（不偏黄也不偏紫的正红色）＋红光蓝＝紫红；黄光红＋红光黄＝橙色；红多为橙红，黄多为橙黄。

红色光与绿色光互为补色，少红就偏绿，在调色中要避免三原色红、黄、蓝同时出现在配方里，而造成颜色发暗。调灰色例外，调灰色时根据三原色掺入的比例不同可呈现出不同的色相。

③ 调深红色不够深时，要分清楚是色彩深浓还是黑灰成分。是深浓加色粉，是黑浓的深加黑色。

黄光红＋黑＝带橙色色光的深红，蓝光红＋黑＝带玫瑰紫的深红；根据加入的比例不同而呈现出不同色相。

④ 调浅红色时，红＋白＝浅红，同时变紫。

⑤ 同时加入黑白两色，根据加入比例不同，呈现出不同深浅的红灰色。

⑥ 如果色相不够鲜艳（亮度），可以选用荧光红色、荧光橙红、荧光橙黄、荧光桃红等色粉。红色系列一般不直接加入增白剂。

第六节
调黄色系列颜色

一、 PANTONE 色卡上的黄色系颜色

PANTONE 色卡上的黄色系颜色如图 4-44 所示。

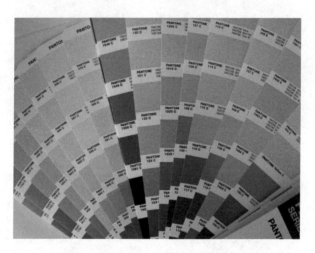

图 4-44　PANTONE 色卡上的黄色系颜色

黄色系颜色有带红光偏红的黄色和带蓝光偏青绿的黄色（蓝＋黄＝绿）。随着红与蓝的掺入比例而呈现出不同偏红和偏绿的黄色。随着黑白颜色的掺入比例而呈现出不同明度的黄色色彩。随着饱和度的增减（色粉量的增减）也呈现出不同鲜艳度的颜色。

二、黄色系列色粉选用技巧

黄色系列色粉原料分为红光黄（橙黄、金黄）与绿光黄（青口黄、柠檬黄）；根据着色力浓度与品种的不同，又有着深浅不同的黄色色粉原料。

荧光黄系列有荧光橙黄（红光黄）、荧光柠檬黄（绿光黄）等，如图 4-45～图 4-50 所示。

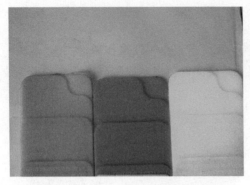

图 4-45　绿光黄、红光黄与荧光柠檬黄

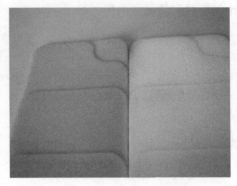

图 4-46　青口黄与柠檬黄

图 4-47　红光黄色，底色带黄

图 4-48　绿光黄，面色黄底色绿

图 4-49　柠檬黄带绿相，比青口黄更绿相

图 4-50　荧光柠檬黄，鲜艳、带绿相

　　要注意的是底色与面色。可以根据样板底色的色光偏向来确定色粉，熟悉各种色粉原料的底色与面色能提高选择色粉的准确性。

　　根据色粉的耐温性及与塑料原料的相容、分散、迁移等适应性的不同，黄色色系也分成适用于软胶的色粉与适用于硬胶色粉。在调软胶制品时要根据色相选用与软胶原料相适应的黄色色粉原料。调硬胶制品要根据色相选用与硬胶原料相适应的黄色系色粉原料。

要根据原料的特性与成型温度来选取色粉。再根据样板深浅程度，选用着色力与遮盖力高或是弱的黄色色粉。根据样品的鲜艳度考虑是否要加入有荧光色粉。如果是很浅的黄色就要用到原色粉 1/10、1/100 或 1/1000 浓度的色粉。

三、ABS15A 调配 PANTONE 7549C 黄色举例

用 ABS15A 调配 PANTONE 7549C，色样如图 4-51 所示。注塑温度 220℃，对色光源为自然光，烘料 80℃，2h。

1. 审样

PANTONE 7549C 为典型的红光黄色，鲜艳夺目，色彩明亮，在明亮中较反白（即明度较高），实色，不透明。

初学者在看不出色光时也可参照色卡下的配方。但是，PANTONE 色卡是采用四色印刷（黑、青、品红、黄）出来的，只能做参考；而在塑料调色中，由于

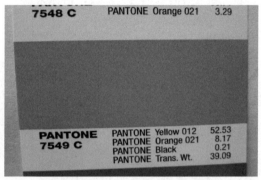

图 4-51　色样 PANTONE 7549C

要结合各种色粉的具体色相、色光、着色力等方面因素来选择，色卡下的配方在实践中用途并不大。

2. 选色粉、拟定基础配方

① 首先想到的是这个颜色是用于硬胶 ABS15A 原料，那就要选择适用硬胶的色粉，耐中温以上（200℃），如果有如耐候性、环保等其他方面的要求，一定要符合客户要求。

② 仔细观察这个色相是红光黄色，明度较高，要根据客户要求与原料的透明程度来估计钛白粉含量。

ABS15A 的原料底色是半透明、偏黄色带红光。在这里对透明度没有要求，可以先不加钛白粉。因为加入钛白粉，色彩就没有那么鲜艳，并且要加大彩色色粉的用量才能达到色板的彩度（鲜艳度）。

③ 因为该黄色的饱和度较高（色彩较浓），选用红光黄色原色粉，初定为 20g。考虑到该颜色偏红光，可以加入呈黄光红色 1/10 浓度的大红 3g。另外该颜色比较鲜艳，可以加入透明荧光橙黄（1/10 浓度）3g。

综合考虑拟定基础配方为：

红光黄：20g

黄光红 1/10：3g

荧光橙黄 1/10：3g

扩散粉：20g

计 46g 一份打板，效果如图 4-52 所示。与色卡相比明显偏深，偏红。

3. 比色与微调

通过与色板对比，试样明显偏深偏红。然后要分析，偏深了百分之多少，占多少比例；偏红了多少，占多少比例。

调色思路是减黄、减红色。调整后的配方为：

红光黄：15g，减少了 5g，占原来的 25％

黄光红 1/10：2g，减了 1g，占原来的 30％

荧光橙黄 1/10：3g

扩散粉：20g

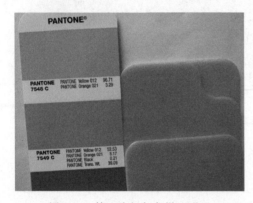
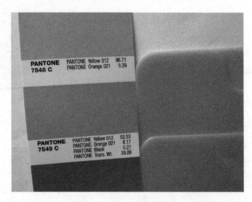

图 4-52　第一次板与色样比明显　　　　图 4-53　第二次板与色板对比，偏红，
　　　　　偏深，偏红　　　　　　　　　　　　　偏深，灰份不够

三个色粉拼色，只变其中二个，如果三个同时增减比例，就不能很清楚地知道它们在树脂中的浓度变化。

计 40g 一份打板，效果如图 4-53 所示。与色板对比，试样偏红，偏深，灰份不够，色板显得偏青，带轻微黑灰，但与第一次试样对比，明显浅了。这样就知道了红光黄减掉 25％ 用量的变化。

因此比色时，既要与样板对比，也要与第一次（前一次对比）对比，才能知道增减掉的量的比例变化，根据这个量的变化，来进一步进行微调。

第二次板与样板色对比偏红，偏深，不够青、灰。调色思路还是减黄，减红，再加入 1/100 浓度的黑色 2g 来调整。黑加黄色会变成军绿色。加入少许黑色，既调整了明度，使其变灰，同时使色相变成了绿相黄色。

调整后的配方为：

红光黄：13g，减少了 2g，占原来 15g 的 10％左右

黄光红 1/10：1.5g，减少了 0.5g，占原来 2g 的 25％

荧光橙黄 1/10：3g，没变动

炭黑 1/100：2g

扩散粉：20g

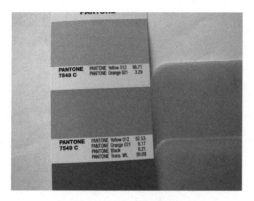

图 4-54　与色板接近

图 4-55　色样 PANTONE 3945C

计 39.5g 一份打板，效果如图4-54 所示，与色板接近。

四、PP564 料调 PANTONE 3945C 青口黄色举例

客户以 PP564 料调 PANTONE 3945C，色样如图 4-55 所示。注塑温度 220℃，无需烘料，对色光源为自然光。

1. 审样和拟定基础配方

（1）选择色粉

PP564 属于软胶，选择适用于软胶的色粉，特别是适用于聚烯烃类的色粉，耐中温及以上。

（2）PANTONE 3945C 为绿光黄色，面色中带红光，明度较高，较实色，要根据实色程度与经验来估计它的钛白粉含量，初步定为 50g。

（3）色相为绿光黄，面色中带少许红光，选用青口黄为主，青口黄也就是绿光黄，一般是底绿，面黄色带红光，如果试样出来不够红后，再来加红，初步定为 50g，因为加了 50g 钛白粉，黄色的用量要适当加大。

图 4-56　第一次板与色卡比较明显偏深，偏红

2. 试样和比色

拟定基础配方如下。

绿光黄：50g

钛白粉：50g

扩散粉：50g

计量 150g 一份打板，效果如图 4-56 所示。与色卡比较明显偏深，偏红，因为偏红，看起来色泽较暗。因为红色与绿色是互为补色，只要减掉红就会偏绿相，无需另加色粉。

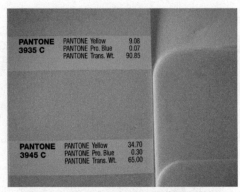

图 4-57　第二次板与样板比偏深，偏红

3. 微调

（1）第一次板与色卡比较明显偏深，偏红，较实色；调色思路就是减黄、减白；因为没有加入其它色粉，就是单一的黄色与白色。

调整后的配方如下。

绿光黄：35g，减掉 15g，占原来 50g 的 30%

钛白粉：50g

扩散粉：50g

计量 135g 一份打板，效果如图 4-57 所示。

（2）与第一次试板比较明显偏绿，但与样板比较还是偏深，偏红。调色思路还是减黄、减红。考虑到色板色光偏青黄，加入柠檬黄原色粉（100%浓度）5g（柠檬黄色一般着色力较低）。调整后的配方如下。

绿光黄：30g，减了 5g，约占原来 35g 的 15%

钛白粉：50g

柠檬黄：5g

扩散粉：50g

计量 135g 一份打板，效果如图 4-58 所示。

（3）第三次试板与色板比较还是偏红，偏深，不够绿。调色思路还是减黄色。加呈绿光的柠檬黄色。调整后的配方为：

绿光黄：27g，减少了 3g，约占原来 35g 的 10%

钛白粉：50g

柠檬黄：6g，增加 1g，占原来 5g 的 20%

扩散粉：50g

合计 133g 一份计量打板，效果如图 4-59 所示，与色卡颜色接近。

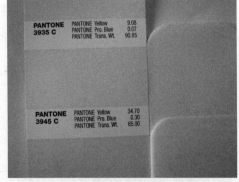

图 4-58　第三次打板与色板比偏红，
　　　　　偏深，不够绿

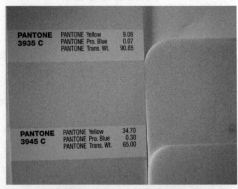

图 4-59　与色卡颜色接近

五、调黄色系列技巧要点

调色就是根据不同的色相、色光加入不同的色粉，按拼色的原则来调配。

① 黑加黄会变成军绿色，朝深绿相色光发展。绿相黄加绿相蓝色变成绿色，如果再掺入黑、白颜色，就可以调配出各种深浅与鲜艳度不同的颜色来。

② 拼色原则：绿光黄＋绿光蓝＝鲜艳的绿色；红光黄＋黄光红＝橙色，黄与紫互为补色。绿光黄色＋黑色＝军绿色，同时变深；红光黄色＋黑色＝军绿带红光；黄色＋白色＝浅黄色。根据掺入的不同比例而呈现出不同色相。

③ 如果色光不够红，可以加大红色、橙黄、橙红色；如果不够绿，可以加柠檬黄色、蓝色、绿色；不够鲜艳时，呈红光的可以加荧光黄，荧光橙黄（红相），呈绿相光的可以加荧光柠檬黄（绿相）等色。黄色系列色粉一般不直接加入增白剂。

④ 不够深时，要分清楚是色粉的深浓还是黑灰份的深，分别可以通过加大色粉的用量或加黑色的方法来调整。

⑤ 要根据原料、成型温度、环保要求、迁移等来选择色粉，对于黄色系列特别要注意环保问题。

第七节
调蓝色系列颜色

一、PANTONE 色卡上的蓝色系颜色

PANTONE 色卡上的蓝色系颜色如图 4-60 所示。

蓝色系的颜色，色光只有两种偏向，一种是带红光的蓝（偏紫）；一种是带黄光的蓝，也叫绿光蓝或青口蓝；随着红光与黄光的加入比例不同而呈现出不同偏紫

图 4-60　PANTONE 色卡上的蓝色系颜色

（偏绿）的蓝色；随着黑色和白色掺入比例不同而呈现出不同明度（深浅）的蓝色；随着蓝色的饱和度的增减而呈现出不同鲜艳度的蓝色。

二、蓝色系列色粉选用技巧

在塑料调色中，蓝色系着色颜料也如同蓝色一样，基本上分为红光蓝色与绿光蓝色（青蓝）。根据着色力浓度的不同，又有各种深浅不同的红光蓝与青口蓝。另外，根据色粉与塑料原料的耐温、相容、分散、迁移等适应性的不同，蓝色系也分成软胶色粉与硬胶色粉。

调软胶制品要根据色相选用与软胶原料相适应的红光蓝或绿光蓝色。调硬胶制品要根据色相选用与硬胶原料相适应的红光蓝或绿光蓝色。再根据样板深浅程度，选用着色力高或弱的色粉原料。根据样品的鲜艳度考虑是否要加入增白剂。根据透明程度考虑是否用透明蓝。常用的蓝色如图 4-61～图 4-64 所示。

调色时注意要点是色粉原料的底色，如红光酞菁蓝面色深蓝，底色蓝色泛红光，绿光酞菁蓝底色呈现出绿光（青口蓝）。群青蓝呈鲜艳的红光蓝色，通常在调

图 4-61　群青、绿光酞菁蓝、红光酞菁蓝

图 4-62　群青蓝

图 4-63　红光酞菁蓝底带紫

图 4-64　绿光酞菁蓝面色红光，底色绿

配白色与鲜艳蓝色中用的较多，不过着色力与遮盖力不高。在调色时，通过观看样板的底色可知道样板选用了什么色粉，特别是调深色系蓝色时。

三、POM料调天蓝色实物举例

客户以POM料调如图4-65所示颜色，注塑温度185～190℃，无需烘料（但对潮湿原料必须进行干燥），对色光源自然光。

1. 选色粉

POM料有均聚POM与共聚POM料之分，在生产中容易分解出甲醛等刺激性及腐蚀性气体。但是与大部分颜料相容性好，易于着色。

在选择色粉原料时可以选用软胶通用的耐中温色粉，但是要注意色粉的耐化学品性能，忌选用带酸性的色粉，染料也不适用于POM料的着色。

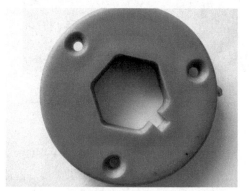

图4-65 天蓝色样板

2. 审样、拟定基础配方与微调

（1）仔细观察样板颜色，第一印象为青口蓝色，明度高（很实色，表面有些反白，说明钛白粉含量高，但是又很鲜艳，这种情况就需要加大蓝色粉的用量），鲜艳度高，面色青蓝带一点紫红光。

本着先调深浅再调色相的原则，先来估计钛白粉含量。POM料的底色是白色，不透明，图4-65中样板颜色的明度较高，初步定钛白粉为80g一份。

然后确定颜色的主色。主色是青蓝色，初步确定为1/10浓度的酞菁蓝30g一份。

考虑到样板比较鲜艳，加入1/10浓度KSN增白剂20g一份。

综合考虑后拟定初步配方为：

钛白粉：80g

酞菁蓝1/10：30g

增白剂1/10：20g

因为配方中共有1/10浓度的色粉50g，含有扩散粉45g，所以在配方中，就不必再加扩散粉了。如果是调配白色系颜色，扩散粉加多了样板会泛黄。

计量130g一份打板，效果如图4-66所示。

（2）第一次试板与样板色相比较，明显偏浅（约偏浅50%），表面发白，偏实色，不够红。调色思路是增加蓝色，减白色，红光先不考虑，因为青口蓝色粉面色带红光，底色青蓝。

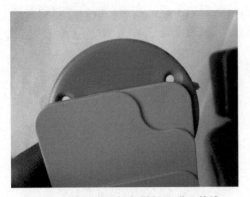

图 4-66　第一次试板与样板比明显偏浅，
表面发白，偏实色，不够红

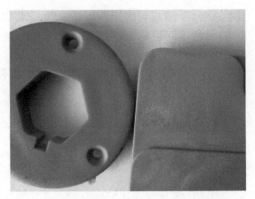

图 4-67　第二次试板与色样比，不够深，
不够红，不够鲜艳

调整后的配方定为：

钛白粉：60g，减少了 20g，占原来 80g 的 25%

酞菁蓝 1/10：40g，增加了 10g，占原来 30g 的 30%

增白剂 1/10：30g，加了 10g，占原来 20g 的 50%

计量 130g 一份打板，效果如图 4-67 所示。

在这个配方里，色相感觉差一半，为什么不增加一半蓝色色粉呢？这是因为减少了钛白粉的量以后，明度会下降，蓝色的饱和度会提高；而如果钛白粉的量不变，增加一半的蓝色色粉，那么就增加了成本。

在蓝色中加增白剂，一方面可以增加鲜艳度，另一方面，增白剂压黄光，可以消掉青蓝中的黄光成分，使制品呈现出带红光的鲜艳蓝色来。

(3) 第二次试板与色样对比，还是不够深（蓝），不够红、不够鲜艳（图中样分散不太好，是由于笔者操作的缘故）。但与第一次试板相比较，明显变蓝，带红光。

根据第一次与第二次调色中蓝色的增减比例，对颜料在颜色中比例的变化就心中有数了。调色思路为继续增蓝，同时考虑到色光不够红，加入 3/4 浓度群青蓝的色粉 5g（群青的着色力相对较低），增白剂不变（增白剂价格较高）。

调整后的配方定为：

钛白粉：60g，钛白粉不要轻易变动

酞菁蓝 1/10：46g，增加了 6g，占原来 40g 的 15%，相当于原色粉 4.6g

增白剂 1/10：30g

群青蓝 3/4：5g

共计 141g 一份打板，效果如图 4-68 所示。

(4) 第三次试板与色样对比，稍为偏深，偏红，鲜艳度已够。调色思路为减掉一部分蓝色，其它不变。调整后的配方为：

钛白粉：60g

图 4-68　第三次试板，稍为偏深

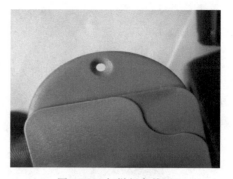

图 4-69　与样板色接近

酞菁蓝 1/10：43g，减少了 3g，占原来 46g 的 6%

增白剂 1/10：30g

群青蓝 3/4：5g，减少了 1g，占原来 5g 的 20%

计量 137g 一份打板。效果如图 4-69 所示，与色板颜色接近。

四、LDPE868 调透明蓝色实物举例

客户以 LDPE868 调蓝色，样板如图 4-70 和图 4-71 所示。注塑温度 220℃，无需烘料，对色光源为自然光。

图 4-70　透明蓝色样板，面色

图 4-71　透明蓝色样板，底色

1. 选色粉

PE868 为透明颗粒料，耐温 200℃（中等）以上。选择适用于软胶的色粉或通用型色粉。

2. 审样、拟定基础配方、微调

（1）仔细观察样品颜色：面色青蓝带红光，底色青蓝，半透明，颜色鲜艳，饱和度较高。

拟定基础配方如下。

钛白粉：20g，因为颜色的明度较高，底色半透明，可少加一些。

酞菁蓝 3/4：7g

玫瑰红 1/10：15g

增白剂 1/100：30g

共计 72g 一份打板，效果如图 4-72。

图 4-72　第一次试板与样板比明显偏深，　　　图 4-73　第二次试板与样板比偏深，偏红
　　　　　 饱和度过高，色光过红

（2）第一次试板与样板对比明显偏深，饱和度过高，色光过红；调色思路为减蓝、减红。调整后的配方如下。

钛白粉：20g

酞菁蓝 3/4：5g，减少了 2g，约占原来 7g 的 30%

玫瑰红 1/10：12g，减少了 3g，占原来 15g 的 20%

增白剂 1/100：30g

共计 67g 一份打板，效果如图 4-73 所示。

（3）第二次板与样板对比还是偏深，偏红，调色思路为减蓝，减红。调整后的配方如下。

钛白粉：20g

酞菁蓝 3/4：4g，减少了 1g，约占原来 5g 的 20%

玫瑰红 1/10：10g，减少了 2g，约占原来 12g 的 15%

增白剂 1/100：30g

共计 64g 一份打板，效果如图 4-74 和图 4-75 所示，与样板接近。

五、ABS757 料调 PANTONE 2748C 蓝色举例

以 ABS757 料调配 PANTONE 2748C 颜色，注塑温度 220℃，烘料 2h，对色光源为自然光。色卡颜色如图 4-76 所示。

1. 选色粉

选用适用于 ABS 料与能达到要求的色粉。

图 4-74　面色与样板接近

图 4-75　底色与样板接近

图 4-76　色样 PANTONE 2748C

图 4-77　第一次板与色样比较偏深，
偏蓝，不够红

2. 审样、拟定基础配方

仔细观察色样，2748C 为典型的红光蓝相颜色，色彩鲜艳，饱和度高（请参考PANTONE 色卡学习）。

因为颜色很深浓，要以红光蓝色为主色，不够红可以加入紫色、紫蓝、紫红做副色，不够深可以加入黑色色粉作为辅助性色粉。

拟定基础配方如下。

红光酞菁蓝：80g

紫红 1/10：10g

扩散粉：30g

计量 120g 一份打板，效果如图 4-77 所示。

3. 微调

第一次板与色样比较偏深，偏蓝，不够红。调色思路为减蓝、加红，减蓝会变浅，加紫红可增加红色色光。

调整后的配方为：

红光酞菁蓝：65g，减掉了 15g，约占原来 80g 的 20％

紫红 1/10：12g，加了 2g，占原来 10g 的 20%

扩散粉：30g

计量 107g 一份打板，效果如图 4-78 所示。

第二次试板与样板比较还不够红和紫，与第一次试板比较明显变浅和带红光，调色思路为再加红色色粉。调整后的配方如下：

红光酞菁蓝：65g

紫红 1/10：13.5g，增加了 1.5g，约占原来 12 克的 10%

扩散粉：30g

计量 108.5g 一份打板，效果如图 4-79 所示，与色板色相、色光基本符合。

图 4-78　第二次板与色样比较还不够红和紫

图 4-79　与色样色相、色光基本符合

六、调浅蓝色举例

以 PPT30S 料调配 PANTONE 2718C 颜色，注塑温度 220℃，无需烘料，对色光源为自然光。色卡颜色如图 4-80 所示。

图 4-80　PANTONE 2718C 颜色

1. 选色粉

PPT30S 为半透明、乳白色颗粒料，耐温 200℃（中等）以上，选择适用于软胶的色粉或通用型色粉。

2. 审样、拟定基础配方

仔细观察色样，2178C 为浅蓝色，带紫红色光，色彩鲜艳，明度高，请参照 PANTONE 色卡（相机因为有滤光作用，特别是带紫色的色光不能很好的显现出来）。

因为颜色明度高，蓝中发白，钛白粉量肯定多，考虑以红相群青蓝色为主色。拟定基础配方如下。

钛白粉：50g

红相群青蓝色：100g，群青是一种独特的、鲜艳的蓝相色粉，有红相与绿相之分，着色力较低

扩散粉：50g

群青是呈红色光的蓝色，在定基础配方时先不加入调整色光的色粉，特别是在还不熟悉色粉的着色力与色光时，要先打一个基础色板出来，看配方上色粉的着色力与色光走向，再根据情况加入适合的色粉。

计量 200g 一份打板，效果如图 4-81 所示。

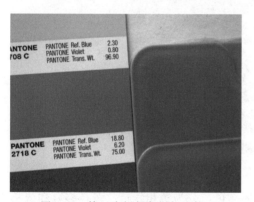

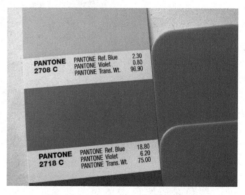

图 4-81　第一次板与色板相比较，
　　　　　色相深浓，偏红光

图 4-82　与色板色相基本接近

3. 微调

第一次板与色板相比较，色相深浓（饱和度过高），偏红光，调色思路是减蓝色色粉。调整后的配方如下。

钛白粉：50g

群青：86g 减掉了 14g，约占原来 100g 的 15%

扩散粉：50g

计量 186g 一份打板，效果如图 4-82 所示，与色板色相基本接近。

七、调蓝系列技巧要点

注意色粉色光的选取与搭配；注意色粉透明度的选择；调深加黑色或增加饱和度，调浅蓝色加白色；不够鲜艳加增白剂，要注意的是，加入增白剂会使绿光蓝中的黄色消掉，会朝红相发展。

拼色原则：红＋蓝＝紫；黄＋蓝＝绿。根据掺入红、黄、蓝的不同比例可呈现出不同色相。

第八节
调绿色系列颜色

一、PANTONE 色卡中的绿色系颜色

PANTONE 色卡中绿色系列颜色如图 4-83 所示。

图 4-83　PANTONE 色卡中绿色系列颜色

绿色是三原色中黄色与蓝色混合而成的颜色，分为黄相绿色（黄色多）和蓝相绿色（蓝色多）。随着黑色与白色的掺入呈现出不同明度的绿色，随着饱和度的增减呈现出不同鲜艳度的绿色系颜色。

二、绿色系列色粉选用技巧

绿色系列色粉种类较少，有机颜料主要有：36#绿（黄光酞菁绿 3G、6G）、7#绿（蓝光绿）；溶剂染料类有：3#溶剂绿（蓝光绿）、28#溶剂绿（黄光绿）；无机颜料有 17#绿（氧化铬绿）等。

荧光色粉选用黄色系颜料（如荧光黄、荧光柠檬黄），一般不直接使用增白剂来调整鲜艳度。绿色系列色粉原料的耐温性、耐候性与耐化学品性优良。绿色系列

图 4-84　酞菁绿 G 色相

图 4-85　透明绿
5B（3#）

图 4-86　酞菁绿
3G（36#）

色粉色相如图 4-84～图 4-86 所示。由于相机对酞菁绿色相显现的不好，只能用填充的类似颜色代表。

三、ABS121 料调 PANTONE 7740C 深黄绿色举例

以 ABS121 料调配 PANTONE 7740C 色卡颜色，烘料时间 80℃，2h，对色光源为自然光。色样如图 4-87 所示。

1. 审样，拟定基础配方

选择适用于 ABS 胶料的硬胶色粉。

PANTONE 7740C 是一种较深的黄相绿色，绿中偏黄，绿的饱和度较高（具体请参照 PANTONE 色卡）。由于其颜色较深，饱和度高，考虑以黄相酞菁绿为主色，再辅以绿光黄色来增加绿色中的黄光，以少量的黑色来调整明度（深浅）。

拟定基础配方如下。

酞菁绿 3/4：10g

黄色 1/10：5g

图 4-87　PANTONE 7740C 色卡颜色

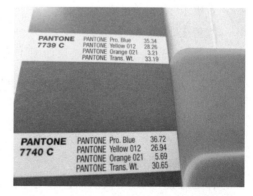

图 4-88　第一次试板与色样比明显偏浅

炭黑 1/100：10g

计量 25g 一份打板，效果如图 4-88 所示。

2. 微调

第一次试板与色样相比明显偏浅，调色思路是加大绿色的饱和度，增加黑色来加深。调整后的配方为：

酞菁绿 3/4：15g，增加了 5g，占原来 10g 的 50%

黄色 1/10：8g，增加了 3g，占原来 5g 的 60%

炭黑 1/100：20g，增加了 10g，翻了一倍

计量 43g 一份打板，效果如图 4-89 所示。

 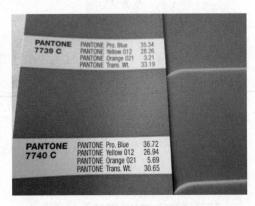

图 4-89　第二次试板与色样相比稍为偏绿，　　　　　图 4-90　与色样基本接近
　　　　较为鲜艳，不够红黄色，灰度不够

第二次试板与色样相比，深浅接近，色相稍为偏绿，较为鲜艳，不够红黄色，灰度不够。调色思路为减掉一部分绿，增加微量的红色（绿色的补色）来增加灰度。调整后的配方如下。

酞菁绿 3/4：14g，减少了 1g，占原来 15g 的 5%

黄色 1/10：8.5g，增加了 0.5g，约占原来 8g 的 5%

炭黑 1/100：20g

橙黄 1/100：3g

计量 45.5g 一份打板，效果如图 4-90 所示，与色样基本接近。

四、ABS757 料调 PANTONE 373C 浅黄绿色举例

以 ABS757 料调配 PANTONE 373C 色卡颜色，烘料时间 80℃，2h，对色光源为自然光。色样如图 4-91 所示。

1. 审样，拟定基础配方

仔细观察 373C 为浅黄绿色，明度较高，表面钛白粉含量较多。色相为绿中偏黄光，可以有两个调色思路，一个是用小量绿色与青口黄色搭配；一个是用少量的

绿光蓝色与青口黄色来拼配，二者都可
以调配出来。

在这里选择用少量绿色与黄色来搭
配，因为绿色中已经带有黄色，可以减
少黄色的用量。拟定基础配方为：

钛白粉：70g

酞菁绿 1/100：15g

青口黄 1/10：20g

扩散粉：15g

计量 120g 一份打板，效果如图 4-92
所示。

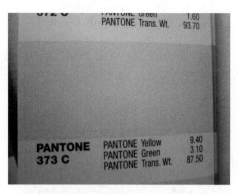

图 4-91　PANTONE 373C 色样

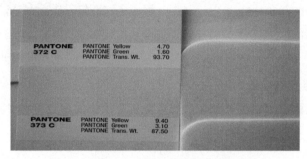

图 4-92　第一次试板与色样相比明显偏黄

2. 比色、微调

第一次试板与色样相比明显偏黄，调色思路是减黄加绿。调整后的配方为：

钛白粉：70g

酞菁绿 1/100：20g，增加了 5g，占原来 15g 的 30％

青口黄 1/10：15g，减少了 5g，占原来 20g 的 25％

扩散粉：15g

计量 120g 一份打板，效果如图 4-93 所示，与色样接近。

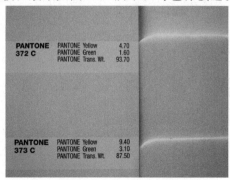

图 4-93　与色样接近

五、ABS121 料调 PANTONE 375C 荧光绿色举例

客户以 ABS121 料调 PANTONE 375C 色卡颜色，烘料 80℃，2h，对色光源自然光。色样如图 4-94 所示。

图 4-94　色样 PANTONE 375C

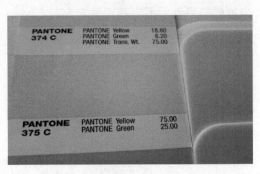

图 4-95　第一次板与色样相比
明显偏深，偏绿

1. 审样、拟定基础配方

仔细观察该颜色为色泽鲜艳夺目的黄绿色，绿中偏黄光、明度较高。

拟定基础配方为：

钛白粉：30g

酞菁绿 1/10：30g

荧光黄色原色粉：30g（荧光色粉着色力一般较低）

绿光黄 1/10：10g

计量 100g 一份打板，效果如图 4-95 所示。

2. 比色微调

第一次板与色样相比较明显偏深，偏绿；调色思路是减绿色粉量。

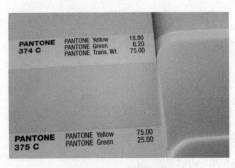

图 4-96　与色样接近

调整后的配方为：

钛白粉：20g，减了 10g，占原来 30g 的 30%

酞菁绿 1/10：30g

荧光黄色原色粉：30g

绿光黄 1/10：8g，减少了 2g，占原来 10g 的 20%

计量 88g 一份打板，效果如图 4-96 所示，与色样接近。

六、调配绿色系列颜色技巧总结

对于较深的绿色系颜色，一般用青口黄与绿光蓝的拼色来调配；黄多呈黄光绿，蓝多呈蓝光绿色，再掺入黑色或白色，调配出各种不同明度与鲜艳度的绿色。

拼色原则，黄＋蓝＝绿，注意色粉色光的选择；用青口黄与绿光蓝能调配出较鲜艳的绿色，如果选择红光黄与绿光蓝，则调配出的颜色较灰。

调较鲜艳的制品，要选用荧光颜料。绿色一般不直接使作增白剂，可以使用黄色系的荧光颜料。

对于透明制品的调配，一般要求树脂是透明的，然后根据透明程度来加入钛白粉或使用透明颜料与染料及遮盖力弱的颜料。对于全透明的制品，一般使用少量的透明颜料、染料来调配。对色时要把色板放在同一个背景下对色，如都垫一张白纸，如图 4-97 和图 4-98 所示。

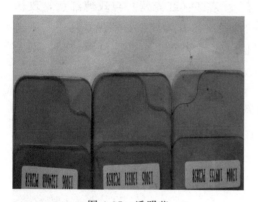

图 4-97　透明蓝

图 4-98　透明色比色

第九节

调紫色系列颜色

一、PANTONE 色卡中的紫色系列颜色

PANTONE 色卡中的紫色系列颜色如图 4-99 所示。

紫色是一个间色，由三原色中红色与蓝色混合而成。色光的偏向有两种，一种是偏蓝光的紫，如青莲色；一种是偏红光的紫色，如紫红色。随着红光与蓝光所占的比例不同而呈现出不同饱和度的紫色系颜色；随着掺入黑色与白色的比例不同而呈现出各种不同明度的紫色系颜色。

图 4-99　PANTONE 色卡中的紫色系列颜色

二、紫色系列塑料色粉的选取技巧

　　紫色系列色粉的色相分为紫蓝（蓝光紫）、紫红（红光紫）与玫瑰红色，玫瑰红色是一种偏紫的色彩，经常用于红色系列调色中的紫光调整，紫色系列中的红光调整，还有蓝色系列颜色中的紫、红光调整。玫瑰红色的缺点是色彩较深，不太鲜艳。

　　根据色粉的耐温及与塑料原料的相容、分散、迁移等适应性的不同，紫色系列色粉原料也分为适用于软胶的色粉与适用于硬胶的色粉，调色时要根据原料的特性与成型温度来选取。色粉原料色相如图 4-100～图 4-103 所示。

图 4-100　紫蓝紫红色相底板

图 4-101　紫蓝与紫红色粉遮盖力与
透明度和底色

三、以 ABS757 料调 PANTONE 240C 紫红色举例

　　以 ABS757 料调 PANTONE 240C 色样颜色，烘料 80℃，2h，对色光源自然光，色样如图 4-104 所示。

图 4-102　玫瑰红色相

图 4-103　玫瑰红底色与透明度测试板

图 4-104　PANTONE 240C 色样

图 4-105　第一次试板与色样相比
偏浅，偏紫蓝，不够红

1. 审样、拟定基础配方

色样颜色为鲜艳的紫红色，饱和度与明度都较高。选用紫红为主色，以荧光桃红和增白剂来增加它的鲜艳度。

拟定基础配方如下。

紫红 3/4：5g

荧光桃红 3/4：15g，荧光系列色粉的着色力较低

KSN 增白剂 1/10：20g

计量 40g 一份打板，效果如图 4-102 所示。配方中选用的色粉都是降低了浓度的，含有扩散粉或是做了预分散处理，因此扩散粉可以不另加。

2. 比色、调整

第一次板与色样相比偏浅，偏紫蓝，不够红。调色思路为加紫红，其他不变。调整后的配方如下。

紫红 3/4：10g 增加了 5g，翻了一倍

荧光桃红 3/4：20g，增加了 5g，约占原来 15 克的 30％

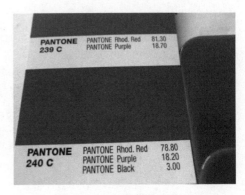

图 4-106　第二次试板与色样比较偏深，偏红　　　　图 4-107　与色样基本接近

KSN 增白剂 1/10：20g

计量 50g 一份打板，效果如图 4-106 所示。

3. 微调

第二次板与色样比较偏深，偏红，调色思路是减红。

调整后的配方如下：

紫红 3/4：8g，减少了 2g，占原来 10g 的 20%

荧光桃红 3/4：20g

KSN 增白剂 1/10：20g

计量 48g 一份打板，效果如图 4-107 所示，与色样基本接近。

四、PP564 料调实物荧光桃红色举例

以 PP564 原料调荧光桃红色，色样如图 4-108 所示，对色光源自然光，无需烘料。

1. 审样、拟定基础配方

仔细观察分析样品色相为红中带紫，色彩明度高，鲜艳夺目。这时要想到样品

图 4-108　荧光桃红色色样　　　　　　　图 4-109　第一次板与色样相比
　　　　　　　　　　　　　　　　　　　　　　　较深，偏红，不够紫

是用荧光色粉调配出来的，底色带紫，半透明。因此在选择色粉时要选择带紫的荧光桃红色粉，这一类色粉的着色力一般较低。

拟定基础配方如下。

钛白粉：30g，因为 PP564 料较透明，而色样面色明度较高，底色为半透明

荧光桃红原色粉：100g

计量 130g 一份打板，效果如图 4-109 所示。

图 4-110　与样板色相接近

2. 比色、微调

第一次板与色样相比较深，偏红，不够紫。调色思路是减紫红色色粉量，再加入一个偏蓝相的荧光桃红色粉。

调整后的配方为：

钛白粉：30g

荧光桃红原色粉：80g，减少了 20g，占原来 100g 的 20％

荧光桃红偏蓝相原色粉：10g

计量 120g 一份打板，效果如图 4-110 所示，与样板色相接近。

五、调紫色系列颜色技巧

紫色系列色光的偏向有两种：一种是偏蓝光的紫，调色时可以在紫蓝的基础上再加红光蓝色；另一种是偏红光的紫色，调色时可以在紫红的基础上再加入红色、紫色。随着掺入黑色与白色的量的多少而呈现出各种不同明度（深浅）的紫色系颜色。

拼色原则：红＋蓝＝紫；紫色与黄色呈互补色。

调荧光系列颜色，特别是调高亮度荧光颜色，最好是全部用荧光色粉来组合拼配，如果掺有其他无荧光颜料，达不到整体色相效果。

第十节

调橙色系列颜色

一、PANTONE 色卡中的橙色系颜色

PANTONE 色卡中的橙色系颜色如图 4-111 所示。

图 4-111 PANTONE 色卡中的橙色系颜色

橙色是一种间色，由红色与黄色相混合而成。色光偏向主要有偏黄光，如橙黄色；偏红光，如橙红色。随着黄光与红光的饱和度不同而呈现出不同鲜艳度的橙色，随着黑色与白色的掺入量而呈现出不同明度的橙色系列颜色。

二、橙色系列塑料色粉的选取技巧

橙色系列塑胶色粉原料主要有橙色、橙黄、橙红，色相如图 4-112～图 4-114 所示。

在调配时，根据样板色相选取相应色光偏向的色粉原料。根据色粉的耐温及与塑胶原料的相容、分散、迁移等适应性的不同，橙色系列色粉原料也分为适用于软胶的色粉与适用于硬胶的色粉。另外还要根据原料的特性与成型温度来选取色粉。

橙色作为一种间色，除了用来调配橙色以外，还可以用橙红与红色拼色来调配黄光红色，可用橙黄与红光黄色来搭配使用调红光黄色。

图 4-112 依次为橙红、橙色、橙黄

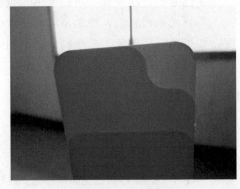

图 4-113 橙黄底色

图 4-114 橙红底色

图 4-115 PANTONE 1495C 色样

三、ABS15A 料调 PANTONE 1495C 橙黄色举例

以 ABS15A 料调 PANTONE 1495C 色样颜色。注塑温度 220℃，烘料 80℃，2h，对色光源为自然光，色样如图 4-115 所示。选择适用于 ABS 胶料的硬胶色粉。

1. 审样、拟定基础配方

1495C 色样第一印象为橙黄色，面色黄中带红光，明度较高，较实色。

首先要根据实色程度（明度）与经验来估计钛白粉的含量，初步定为 50g，像这种明度高、表面反白、实色的色样，要添加足量钛白粉，同时加大色粉的饱和度，否则色相效果显示不出来。

色相为黄中带少许红光，因此选用橙黄为主色，初步定为 50g（因为定了 50g钛白粉，黄色用量要加大），如果试样出来不够红再增加红色色粉。

拟定初步配方如下：

橙黄原色粉：50g

钛白粉：50g

扩散粉：50g

计量 150g 一份打板，效果如图 4-116 所示。与色样比较明显偏深、偏红，调色思路为减饱和度。

2. 比色、调整

第一次板与色样比较明显偏深、偏红。调色思路是调整深浅（饱和度）来改变色相，减红色光量，加少量黄色色粉。

调整后的配方如下：

橙黄原色粉：43g，减少了 7g，约占原来 50g 的 15%

红光黄色色粉 1/10：15g

钛白粉：50g

扩散粉：50g

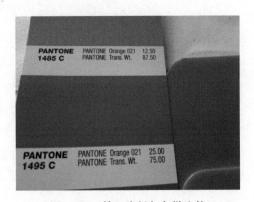

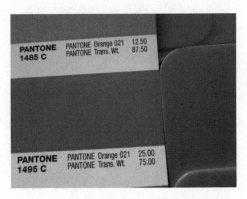

图 4-116   第一次板与色样比较   图 4-117   与色样接近

　　　　明显偏深、偏红

计量 158g 一份打板，效果如图 4-117 所示，与色样接近。

四、ABS15A 料调 PANTONE 1505C 橙红色举例

客户以 ABS15A 料调 PANTONE 1505C 色样颜色。注塑温度 220℃，烘料 80℃，2h，对色光源为自然光。色样如图 4-118 所示。

1. 审样、拟定基础配方思路

选择色粉，选择适用于 ABS 胶料的硬胶色粉。

PANTONE 1505C 第一印象为鲜艳的橙红色，面色红中带黄光，明度较高，较鲜艳夺目。

首先要根据实色程度（明度）与经验来估计确它的钛白粉含量，初步定为 30g。

图 4-118   PANTONE 1505C 色样

色相为橙红色，黄中带红光，色彩鲜艳夺目。选用橙色为主色，加入荧光红色为辅助色粉。

拟定基础配方如下：

橙红色原色粉：10g

带黄光的荧光红色 1/10：15g，荧光红色系列色粉原料有带黄光、红光、紫光的区别

钛白粉：30g

扩散粉：20g

计量 75g 一份打板；效果如图 4-119 所示。

图 4-119　第一次板与色样比较明显偏深与偏红　　　　图 4-120　与样板色相接近

2. 比色、调整

第一次板与色样比较明显偏深与偏红，调色思路是减红与加黄。

调整后的配方为：

橙红色原色粉：12g，增加了 2g，占原来 10g 的 20%

带黄光的荧光红色 1/10：12g，减少了 3g，占原来 15g 的 20%

钛白粉：30g

扩散粉：20g

计量 74g 一份打板，效果如图 4-120 所示，与样板色相接近。

五、调橙色系列颜色技巧

橙色是一种间色，由红色与黄色拼色而来。红多呈橙红色，黄多呈橙黄色，掺入黑、白色，就可以调配出各种深浅不同的橙色系颜色来。

如果不够鲜艳可以选用红色系与黄色系的荧光色粉来调配。

如果是塑件样板，可以观看样板的底色，底色带红光的多是用红色色粉与黄色色粉拼色出来的；底色带黄光的多是用橙色与黄或红色色粉拼色出来的。如果是打 PANTONE 上的橙色就只能根据色相与色光来选择色粉，在学习中要注意辨别与总结。

第十一节

<<<

调啡色肉色系列颜色

黑色、灰色、啡色、米色、肉色等颜色可以看成是由红、黄、蓝三原色相拼得到的颜色。三原色如果等量相拼可以得到特黑色。

一、PANTONE 色卡上的啡色系列颜色

PANTONE 色卡上的啡色系列颜色如图 4-121 所示。

图 4-121　PANTONE 色卡上的啡色系列颜色

二、啡色系列塑料色粉的选取技巧

啡色系列塑料色粉原料主要有深啡、啡色、啡红色，一般为软硬胶通用型。具体色相如图 4-122～图 4-124 所示。

图 4-113 与图 4-124 中为原色粉着色力测试板，比例为 20g 原色粉与 20g 钛白粉打样。

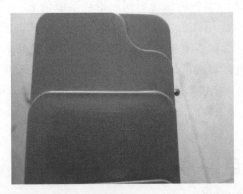

图 4-122　深啡 50g 原色粉与 50g 钛白粉拼色色相

三、PP564 料调 PANTONE 7603C 深啡色举例

以 PP564 料调 PANTONE 7603C 色样颜色，注塑温度 220℃，无需烘料，对色光源为自然光。色样如图 4-125 所示。

图 4-123　啡色与啡红色面色

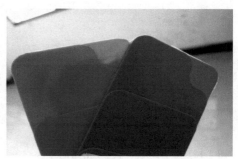

图 4-124　啡色与啡红色底色

图 4-125　PANTONE 7603C 色样

图 4-126　第一次板与色样相比明显偏深，偏黑

1. 审样、拟定基础配方

选择适用于 PP 胶料的软胶色粉。

PANTONE 7603C 第一印象为典型的深啡色，由红、黄、黑三色组成，色样中红与黄的比例基本相等，饱和度高，再加入黑色调深。

深色一般不用考虑透明度、遮盖力等因素。根据色样的饱和度（深浅）和色相，初步拟定配方如下：

啡色原色粉：30g

啡红：15g

炭黑 3/4：3g

扩散粉：30g

计量 78g 一份打板，效果如图 4-126 所示。

2. 比色、调整

第一次板与色样相比明显偏深（饱和度过高）、偏黑，调色思路是减色粉与减黑色，在这里最关键的是要把握好比例。调整后的配方为：

啡色原色粉：25g，减少了 5g，约占原来 30g 的 15%

啡红：12g，减少了 3g，占原来 15g 的 20%

 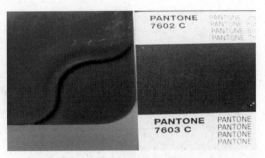

图 4-127　第二次板与色样相比偏深，　　　　　图 4-128　与色样基本接近
　　　　　偏黑，不够黄

炭黑 3/4：2g，减少了 1g，占原来 3g 的 30%

扩散粉：30g

计量 69g 一份打板，效果如图 4-127 所示。

3. 微调

第二次板与色样相比较还是偏深，偏黑，并且不够黄。调色思路是减黑，减啡色饱和度，再加入微量的黄色色粉。调整后的配方为：

啡色原色粉：22g，减少了 3g，约占原来 25g 的 12%

啡红：9.5g，减少了 2.5g，占原来 12g 的 20%

炭黑 3/4：2.4g，减少了 0.6g，占原来 2g 的 30%

红光黄色色粉 3/4：3g

扩散粉：30g

计量 65g 一份打板。效果如图 4-128 所示，与色样基本接近。

四、ABS747 料调 PANTONE 7517C 啡红色举例

以 ABS747 料调 PANTONE 7517C 色样颜色，烘料 80℃、2h，对色光源为自然光。色样如图 4-129 所示。

1. 审样、拟定基础配方

选择适用于 ABS 胶料的硬胶色粉。

图 4-129　PANTONE 7517C 色样

PANTONE 7517C 为典型的黄啡色，由红、黄、黑三色组成，色样中黄比红多，黑色较少，明度较高。根据色样的饱和度（深浅）与色相，选择以红、黄、黑三色拼色来调配。初步拟定配方如下。

黄光红色原色粉：15g

红光黄色原色粉：5g

炭黑 1/10：10g

图 4-130　第一次板与色样相比偏红，偏深

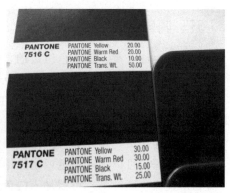

图 4-131　第二次板与色样相比偏红，偏黄，灰份不够

钛白粉：10g

扩散粉：20g

计量 60g 一份打板，效果如图 4-130 所示。

2. 比色、调整

第一次板与色样相比偏红偏深，不够黄。调色思路是减红加黄，调整后的配方如下：

黄光红色原色粉：10g，减少了 5g，占原来 15g 的 30%

红光黄色原色粉：7g，增加了 2g，占原来 5g 的 40%

炭黑 1/10：10g

钛白粉：10g

扩散粉：20g

计量 57g 一份打板，效果如图 4-131 所示。

3. 微调

第二次板与色样相比还是偏红，偏黄，灰份不够，但与第一次板相比有明显改变。调色思路是根据色相的深浅与色光的偏向来调整，多了就减，少了就加，在这里就是减黄加黑。调整后的配方如下：

黄光红色原色粉：10g

红光黄色原色粉 6g，减少了 1g，占原来 7g 的 15%

炭黑 1/10：11g，增加了 1g，占原来 10g 的 10%

钛白粉：10g

扩散粉：20g

计量 57g 一份打板，效果如图 4-132 所示，与样板色相基本接近。

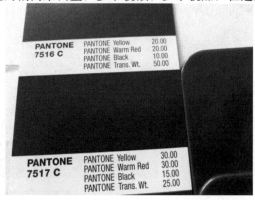

图 4-132　与样板色相基本接近

五、调啡色技巧

啡色是由红、黄、黑三色组成的，根据红、黄、黑三色所占的比例而呈现出各种偏黄、偏红与深浅不同的啡色系颜色来。

如果色样偏红，可以用啡色或啡红色做主色，再加入红色或橙色系列色粉来调配。

如果色样偏黄，可以加入黄色或橙黄系列色粉来调配。

如果偏深，可以加入黑色或增加饱和度来调深。

如果偏浅（明度高）可以加入白色来调配。

如果是偏绿相的啡色，可以加大黑与黄色的色粉量。也可以用啡色系的色粉来组合调配。

六、PVC 95 度料调肉色

在玩具业中娃娃类产品以及注塑与搪胶成型工艺中，常常用到肉色（浅啡色），如图 4-133 所示。肉色是由红、黄、黑、白四色调配出来的。

图 4-133　肉色（浅啡红、啡黄）

以 PVC 95 度料调肉色，色样如图 4-134 所示。

图 4-134　肉色色样

1. 审样、拟定基础配方

仔细观察该颜色，为偏红的肉色，明度较高，颜色鲜艳夺目，红光中带黄色，由红、黄、白三色组成。

拟定基础配方如下：

啡色 1/10：20g

红光黄 1/10：15g

钛白粉：30g

计量 65g 一份打样，效果如图 4-135 所示。

图 4-135 第一次试板与色样相比偏黄，不够红

2. 比色、微调

第一次板与色样相比较偏黄，不够红，整体色相偏浅。调色思路是先不减黄色，加稍许红色。

调整后的配方如下：

啡色 1/10：25g，增加了 5g，占原来 20g 的 20%

红光黄 1/10：15g

钛白粉：30g

计量 65g 一份打样，效果如图 4-136 所示，与色样接近。

图 4-136 与色样接近

七、调肉色系列技巧总结

在调肉色时，要根据色样的深浅、明暗与色光偏向来选择色粉，一般用啡色与

红色、黄色、黑、白组合来调配。

如果是较深暗的可以考虑加少量的黑粉，如果是较鲜艳的肉色，要选用荧光红或荧光黄来搭配组合。色光偏红就增加红色量，偏黄就增加黄色量，偏深就加黑粉，偏浅、偏白就增加钛白粉，偏鲜艳就用荧光色粉。

第十二节

调金属颜色

一、金属颜料色相与着色力测试

金属颜料具有优异的耐热性，耐化学品性和耐候性，在食品包装、箱包与化妆品等方面应用广泛。金属颜料在调色中常用金粉与银粉。不同种类的色粉在 PP800 中的着色力，遮盖力及色相测试板如图 4-137～图 4-140 所示，其中 PP800 均为一份量（25kg）。

图 4-137　特幼银粉 20g、50g、80g 在 PP800 中着色力、遮盖力与色相测试板

图 4-138　幼珠光粉与粗珠光粉 200g 在 PP800 中的着色力与遮盖力、色相的测试板

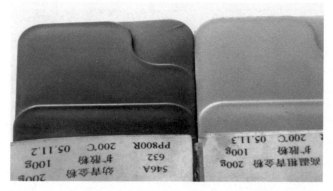

图 4-139　PP800 中幼青金粉与粗青金粉各 200g 的着色力测试板

图 4-140　红金粉与古铜金粉 200g 在 PP800 中的着色力与遮盖力、色相的测试板

二、金属颜料选用技巧

在调色中主要是注意颗粒粗细搭配，金属颜料的闪烁效果和光泽与其颗粒粗细有很大关系。粒径粗的遮盖力相对较弱，颜色浅，但是金属闪烁效果好；粒径小的遮盖力强，颜色深，光泽细腻柔和。根据样板色相进行粗细搭配或采用金属颜料与珠光色粉搭配，可以提高制品的光亮度。

三、ABS757 料调 PANTONE 421C 浅银白色举例

以 ABS757 料调 PANTONE 421C 色样的银白色，对色光源为自然光。色样如图 4-141 所示，是浅灰中带黄光的颜色，照片拍出来稍偏红光，具体请参照色卡学习。

1. 审样、拟定基础配方

仔细观察该颜色，为浅灰中泛黄光，明度高。根据客户要求（珠光效果，不需要闪烁效果）选用幼银粉与细白珠光粉搭配，再准备适用于 ABS 胶料的黄粉或啡粉来调配色光。初步拟定配方为：

图 4-141　PANTONE 421C 色样

幼银粉：20g

细珠光粉：200g

黄粉 1/100：10g

扩散粉：50g

计量 280g 一份打板，效果如图 4-142 所示。

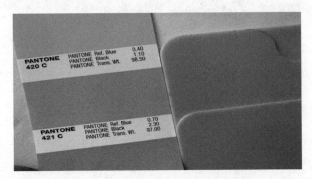

图 4-142　第一次试板与色样相比明显偏深，偏黄，不够红

2. 比色、调整

第一次试板与色样相比较明显偏深，偏黄，不够红。调色思路是减银粉，减黄，加红粉。调整后的配方为：

幼银粉：15g，减了 5g，占原来 20g 的 25%

细珠光粉：200g

黄粉 1/100：7g，减了 3g，占原来 10g 的 30%

啡粉 1/100：6g

扩散粉：50g

计量 278g 一份打板，效果如图 4-143 所示，与色样基本接近。

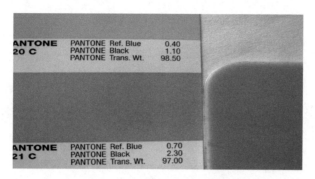

图 4-143　与色样基本接近

四、ABS757 料调 PANTONE 423C 深银灰色举例

客户以 ABS757 料调 PANTONE 423C 色样的珠光银灰色，对色光源自然光。色样如图 4-144 所示。

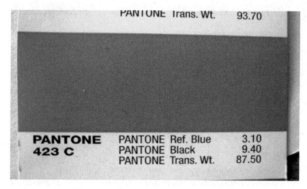

图 4-144　PANTONE 423C 色样

1. 审样、拟定基础配方

仔细观察该颜色为灰度中等的灰色，明度较高，面色中偏红光。

拟定基础配方如下：

幼银粉：50g

炭黑 1/10：5g

紫红 1/10：15g

扩散粉：20g

计量 90g 一份打板，效果如图 4-145 所示。

2. 比色、调整

第一次板与色样相比较偏浅，灰份不够，不够红。调色思路是增加饱和度，加红，加黑。调整后的配方如下：

幼银粉：60g，增加了 10g，占原来 50g 的 20%

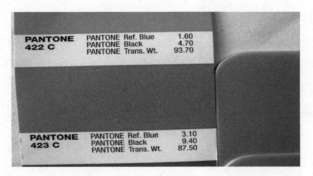

图 4-145 第一次板与色样相比较偏浅，灰份不够，不够红

炭黑 1/10：6.5g，增加了 1.5g 占原来 5g 的 30%

紫红 1/10：15g

啡粉 1/100：10g

扩散粉：20g

计量 111.5g 一份打板，效果如图 4-146 所示，与色样接近。

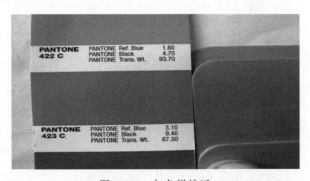

图 4-146 与色样接近

五、ABS121 料调 PANTONE 876C 金色举例

客户以 ABS121 料调 PANTONE 876C 颜色，色样如图 4-147 所示，对色光源自然光。876C 为典型的红金色，相机拍出来较暗，具体请参照色卡学习。

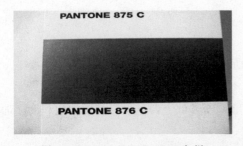

图 4-147 PANTONE 876C 色样

1. 审样、拟定基础配方

仔细观察色样颜色，为典型的红金色，红中带黄，色样饱和度高，色相较鲜艳，光泽强。选用古铜金粉与珠光白粉搭配，再准备少量的红、黄、黑色色粉进行色光微调。初步拟定配方如下：

古铜金粉：80g

珠光白粉：60g

炭黑 1/10：5g

红光黄粉 3/4：3g

扩散粉：50g

计量 198g 一份打板，效果如图 4-148 所示。

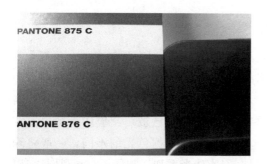

图 4-148　第一次试板与色样相比较深，较红

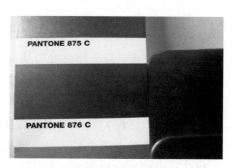

图 4-149　与色样接近

2. 比色、微调

第一次试板与色样相比较深，较红。调色思路是减金粉，减红加黄。

调整后的配方如下：

古铜金粉：70g，减少了 10g，约占原来 80g 的 10%

珠光白粉：70g，加了 10g，占原来 60g 的 15%

炭黑 1/10：5g

红光黄粉 3/4：3.5g，增加了 0.5g，占原来 3g 的 15%

扩散粉：50g

计量 198g 一份打板，效果如图 4-149 所示，与色样接近。

六、调银粉与金粉要点

在调色中注意颗粒粗细与粗细搭配；注意与珠光颜料色粉搭配以提高光亮度。

在调浅银粉颜色时，一般不用钛白粉来提高明度与遮盖力（珠光与银粉的遮盖力都很强），而是采用加白珠光粉，可以使颜色鲜艳。在调色中银粉可当作微量蓝粉使用。如果银粉量多，颜色深，可减少黑粉使用量。

银粉系可以与任何红黄蓝色有机颜料等搭配使用来调整色相与色光。用黑色与增加银粉饱和度来调深，用白珠光粉来调浅，提高明度。

调金色除了选用根据色相选用青金或红金外，还可以与珠光金色、黄色、红色以及各种红黄有机颜料色粉搭配使用。

第十三节

<<<

调珠光系列颜色

一、珠光颜料特点

珠光颜料是一种采用云母为基材，表面涂覆一层或多层高折射率的金属氧化物膜，使之具有天然珍珠的柔和光泽或金属的闪烁效果的无机颜料。珠光颜料具有耐光，耐高温，耐酸碱，不导电，易分散，不迁移与安全无毒的特点，同时具有高折射率与高光泽度，呈现出细腻耀眼的绸缎般光泽，现已被广泛应用于塑料工业中，特别是各种电子电器外壳、高档外包装等方面。根据色光的不同，一般将珠光颜料分为珠光白色系列、珠光金色系列、幻彩珠光系列，如图 4-150 和图 4-151 所示。

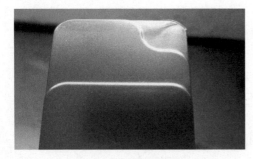

图 4-150　珠光金色

图 4-151　珠光白色

二、PP800 料调珠光深蓝色举例

以 PP800 调珠光深蓝色，色样如图 4-152 所示，对色光源为自然光。

图 4-152　珠光深蓝色色样

1. 审样、拟定基础配方

仔细观察色样颜色，为较深的珠光蓝色，颜色鲜艳，珠光粉很细；底色青蓝，面色蓝中泛红紫光。

选用适应于软胶的色粉原料。初步拟定配方如下。

幼珠光白：350g

酞菁蓝（青口）原色粉：120g，因为底色是绿相的，珠光粉是白色的，所以要加大色粉量，增加饱和度

深红原色粉：15g，用紫或紫红或深红来调泛出的红紫光

红光黄色1/10：20g，因量小，用十分之一浓度的

扩散粉：50g

计量555g一份打板，效果如图4-153所示。在这里，为什么没有加黑色来往深调呢，在调深色珠光颜色时，黑色是可以加的，但是加黑色色粉没有用红、黄、蓝拼色（为黑）调出来的鲜艳或深黑；在这里，因为主色调是蓝色，所以蓝多，红、黄少，起加强色光与拼色调深的作用，同时黄与蓝也只会使底色朝绿相发展。

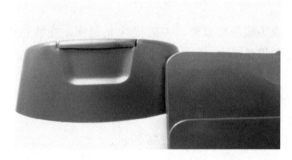

图4-153　第一次试板与色样相比较偏浅，偏蓝，不够红

2. 比色、微调

第一次试板与色样相比较偏浅，偏蓝，不够红。调色思路是先调深浅，往深调，蓝先不减（如果偏深太多也可以同时减的），加红色与黄色。

调整后配方如下。

幼珠光白：350g，珠光粉量要达到发出的光泽与样板一致

酞菁蓝（青口）原色粉：120g，加了5g，占原来15g的30%

深红原色粉：23g，加了3g，占原来20g的15%

扩散粉：50g

计量563g一份打板，效果如图4-154所示，与色样接近。

图 4-154　与色样接近

图 4-155　珠光银白色色样

三、ABS121 料调浅色珠光银白举例

以 ABS121 料调珠光银白色，色样如图 4-155 所示，烘料 80℃，2h，对色光源为自然光。

1. 审样、拟定基础配方

仔细观察该颜色，色样呈现出非常强的柔和光泽，为珠光银白色，珠光粉很细腻，白色中带灰色，偏蓝光。初步拟定配方如下。

幼珠光白：250g

幼银粉：5g，因为银粉带蓝光，一般比珠光偏深，在浅色中加入银粉相当于加入了微量的蓝色和黑色

群青 1/100：15g

增白剂 1/100：15g，用以调整光泽，可以起增亮的作用

扩散粉：50g

计量 335g 一份打板，效果如图 4-156 所示。

图 4-156　第一次试板与样板比较偏蓝、偏深

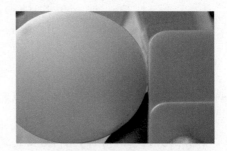

图 4-157　与色样基本接近

2. 比色、微调

第一次试板与样板比较偏蓝，偏深，光泽没有达到样板的程度。调色思路是减银粉加珠光。调整后的配方如下。

幼珠光白：250g

幼银粉：4g，减少了1g，占原来5g的20%；因为增加珠光粉会使颜色变浅，所以一次不要减太多

群青1/100：15g

增白剂1/100：15g

扩散粉：50g

计量384g一份打板，效果如图4-157所示，与色样基本接近。

四、调珠光颜色技巧与要点

在调色中主要是注意颗粒粗细搭配，粒径小的遮盖力强，光泽细腻柔和。珠光颜料的遮盖力随粒径的增大而减弱，但总的来说遮盖力都很强。

在调配珠光颜色时，可以与银粉搭配使用。珠光粉的遮盖力都很强，因此一般不使用钛白粉来提高遮盖力。

根据色相与色光的偏向，珠光颜色可以与任何有机、无机颜料搭配使用，调色方法与其它色系一样，只要与树脂适配就行。不过珠光多、颜色深的产品，可能要加大色粉用量。

珠光颜料制品经常会出现条纹；主要是由于塑料在通过浇口进入模具时造成乱流影响了珠光颜料的排列。解决办法有：尽量保持出料口的平滑；尽量提高加工温度，使树脂保持高流动性；适当加大分散剂用量。

第十四节

<<<

电脑测色配色方法与技巧

一、测色原理和色差仪使用方法

1. 电脑配色原理

电脑配色大体上有两种方式。

一种是选用常用的颜料作为基本颜色，在大量实验的基础上得出调色配方后输入计算机，再使用计算机检索出相近的配方。这种方法简单可靠，但只限于常用的颜料，实际使用中时常受到限制。

另一种是一体化调色系统，它是以色度值计算色彩管理的电脑配色系统。该电脑配色系统由色卡涂刮仪、分光光度仪、电脑（包括色彩管理系统配色软件）、打印机、自动调色装置等组成。基本工作原理是通过分光光度仪读取任意颜色的色度值，运用配色软件进行比较与计算，得出（若干）颜色的基本配方，供调色

使用。

塑料调色主要是使用计算机通过分光光度测色仪，在同等光源下，测量试样与标准样品颜色的光谱反射率曲线：L、a、b 三个颜色刺激值；如果两者相同或相近，就可以说这两个颜色相同，这样可消除人眼因素对颜色的判断失误。

L：代表亮度（黑白度），正值（＋）表示偏浅，被测品比样品偏亮偏白，负值（—）表示偏深，被测品比样品偏暗偏黑；在调色中可用黑、白色粉或色粉的浓淡（饱和度，增加与减少色粉）来修正。

a：代表红绿，正值（＋）表示偏红色，被测品比样品偏亮偏红，负值（—）表示偏绿色，被测品比样品偏暗偏绿；在调色中就是少红偏绿，少绿就偏红，是正值就加少许绿色来修正色差，是负值就加少许红色来修正色差。

b：代表黄蓝色，正值（＋）表示偏黄色，被测品比样品偏亮偏黄；负值（—）表示偏绿色，被测品比样品偏暗偏蓝；在调色中就是少黄偏蓝，少蓝偏黄，是正值就要加少许蓝来压黄，是负值就要加少许黄来修正。

E：表示综合色差值。只要修正亮度差 ΔL、红绿差 Δa 和黄蓝差 Δb，综合色差就会降低到合格范围。在实际应用中，可接受的色差值为 $\Delta E = 0.5 \sim 1.0$。

使用测色仪调色，就是调整样品中各种着色颜料之间的组合比例，使试样颜料组合的光谱反射率曲线与标准样品颜色的光谱反射率曲线尽量接近，使试样与标准样两者的 L、a、b 三个颜色刺激值近似相等。

2. 色差仪原理

仪器本身发出的光照射在物体上时，会反射回来一部分光，仪器通过分析反射回来的光来处理数据。通过自动比较样板与被检品之间的颜色差异，输出 CIE_Lab 三组数据和比色后的 ΔE、ΔL、Δa、Δb 四组色差数据。

在测试过程中，一定保证仪器的测量孔和被测物紧贴，不能漏光，不能晃动。否则会有其他光进入测量孔，会影响测试数据的准确性。

3. 柯尼卡美能达 CR-10 色差计使用方法

柯尼卡美能达 CR-10 色差计（图 4-158）用于测量两种颜色的色差，先测量其

LCH

LAB

TARGET(目标)

测量键

显示屏

图 4-158　柯尼卡美能达 CR-10 色差计

中一种颜色作为目标或标准，并将其作为目标颜色存储，然后测量另外一种颜色（即来样颜色），两者的色差便会计算并显示在显示屏上。

① 先启动色差计，将"POWER"键调整到 I 位。显示屏便会出现目标颜色测量画面：Target　　　　L　　　a　　　b。

② 选择所需的色彩系统，LAB 或 LCH 坐标。如按下 LAB 键则表示采用 L* a* b* 色坐标：Target　　　　L　　　a　　　b。

如按下 LCH 键则表示采用 L* c* h* 色坐标：Target　　　　L　　　c　　　h。

③ 将色差计轻放在目标颜色上并按下测量键，听到"哔"一声后即表示目标测量完成，并同时显示出色彩值：Target　　　　L65.7　　　a+7.3　　　b+13.2。

如果在测量目标颜色时有错误，可以按"TARGET"键回到目标颜色测量显示屏，再重复步骤②。

④ 将色差计的测量口轻放在被测试板表面上，按测量键，听到"哔"的一声后即表示测量完成，测量结果便会显示与原来目标的色差色坐标可随时改变，选择显示 Lab 色坐标可按 Lab（L* a* b* 色坐标）；显示 LCH 色坐标可按 Lch（L* c* h* 色坐标）。

当按 Lab 后：dE 1.7　　　dL−1.1　　　da+0.6　　　db+1.0

当按 Lch 后：dE 1.7　　　dL−1.1　　　da+1.2　　　dH+0.5Y。

选择 L* C* H* 色坐标显示时显示屏上的数值 dH（ΔH*），即，值末端的字母代表样品较目标颜色的色彩偏向。

R：红色　　　B：蓝色　　　Y：黄色　　　P：紫色　　　G：绿色

倘若目标颜色和样品色彩本身比较暗淡，字母便不会显示。

如以同一目标色彩作为标准进行另外样品的测量，请重复步骤④。

如要进行不同目标颜色测量，按"TARGET"键设定新目标颜色并从步骤②开始重复以上程序。

二、测色仪调配颜色方法

测色仪在调色中会经常使用，调色方法与平常调色一样，根据 L、a、b 值的正或负来加减色粉量。

测色过程中，第一次测量为取样，即测试标准样，之后的测量为测量色差，即测量被测品和样品间的色差值，差值为被测品数值减去样品数值，得出亮度差 ΔL，红绿差 Δa 和黄蓝差 Δb。

色差值用 ΔE 来表示，为综合色差值，它和亮度差 ΔL、红绿差 Δa、黄蓝差 Δb 都有关系。

调色技术人员主要是根据综合色差 ΔE、亮度差 ΔL、红绿差 Δa 和黄蓝差 Δb 来调色配色：

举例如某试样与标准样品色差值为 ΔL：1.2；Δa：-1.5；Δb：2.7。则说明被测品比标准样品偏亮 1.2，偏绿 1.5，偏黄 2.7，下一步调色可以加黑，加红，减黄或加蓝。

总的来说，计算机配色还只是辅助手段，在透明度有要求的制品、荧光塑料制品以及加有金属颜料的塑料制品（因为有金属颜料的反射光加入）等配色方面存在局限性，并且最终结果仍需手工打样和颜色修正才能确认。

第五章

色母粒制造与调色方法

◂◂◂

第一节
色母粒的组成和分类

色母粒（也称色母）是把超常量的颜料或染料均匀地载附于树脂之中而得到的聚集体，它由颜料（或染料）、载体和助剂三种成分组成，是颜料浓缩物，所以它的着色力高于颜料本身。

一、色母粒基本成分

1. 色粉

可以用高浓的颜料（或染料）制成各种塑料用的专用色母或通用型色母；也可以先调配出合格的颜色，再将颜料按配方比例混入色母载体，通过造粒机的加热、塑化、搅拌、剪切作用，最终使颜料的分子与载体树脂的分子充分地结合起来，制成与树脂颗粒相似大小的颗粒，即色母粒。

常用的有机颜料有：酞菁红、酞菁蓝、酞菁绿、耐晒大红、大分子红、大分子黄、永固黄、永固紫、偶氮红等；常用的无机颜料有：镉红、镉黄、钛白粉、炭黑、氧化铁红、氧化铁黄等。

2. 载体

载体是色母粒的基础树脂。专用色母一般选择与制品树脂相同的树脂作为载体，这样两者的相容性最好，但同时也要考虑载体的流动性。

3. 助剂

主要有分散剂、偶联剂、相容剂等。促使颜料均匀分散并不再凝聚。分散剂的熔点应比树脂低，与树脂有良好的相容性，和颜料有较好的亲和力。最常用的分散剂为聚乙烯低分子蜡和硬脂酸盐。

一些添加剂如阻燃剂、增亮剂、抗菌剂、抗静电剂、抗氧化剂等品种，也可以加入到色母粒中，除非客户提出要求，一般情况下色母中并不含有上述添加剂。

二、色母粒的分类

按载体分类：如 PE 色母、PP 色母、ABS 色母、PVC 色母等。按用途分类：如注射色母、吹塑色母、纺丝色母等。其中各类别又分为通用色母或专用色母。

通用色母：用某种树脂（往往是低熔点的 PE）作为载体，可以适用于除其载体树脂之外的其它树脂的着色。通用色母相对来说比较简单方便，但缺点较多，适用于要求不高的制品。

专用色母：根据客户指定的塑料品种，选用与塑料品种相同的树脂作为载体所制造的色母。如 PP 色母、ABS 色母分别选用 PP、ABS 作为载体。专用色母的耐热等级一般是与相关塑料相适应的，在正常温度下可以放心使用，如果出现不同程度的变色，可能是由于加工温度超出了正常范围或停机时间过长引起的。

第二节
色母粒生产工艺

一、色母粒用颜料的要求

色母粒所用颜料，必须注意颜料与塑料原料、助剂之间的搭配关系，其选择要点如下所述。

(1) 颜料不能和树脂及各种助剂发生反应，耐溶剂性强、迁移性小、耐热性好等。也就是说，色母粒不能参与各种化学反应。如炭黑能控制聚酯塑料的固化反应，所以不能在聚酯中加入炭黑色料。

由于塑料制品成型加工温度较高，所以颜料应在成型加热温度不分解变色。一般无机颜料耐热性较好，有机颜料及染料耐热性较差，这点应在选择颜料品种时引起足够的重视。

(2) 颜料的分散性、着色力要好。颜料分散不均匀，会影响制品的外观性能；颜料着色力差，会导致颜料用量增加，材料成本提高。同一种颜料在不同树脂中的分散性和着色力并不相同，所以在选择颜料时应注意这一点。

颜料的分散性与颗粒大小也有关系，颜料粒径越小，则分散性越好，着色力也越强。

(3) 了解颜料的其他性能，如对于用在食品、儿童玩具方面的塑料制品，要求颜料应无毒；用于电器方面的塑料制品，应选择电绝缘性好的颜料；用于室外方面的塑料制品，应选择耐气候老化性能好的颜料等。

二、色母粒的生产工艺流程

色母粒生产工艺要求很严格，一般采用湿法工艺。色母粒经水相研磨、转相、水洗、干燥、造粒而成，只有这样产品质量才能得到保证。

另外颜料在研磨处理的同时，还应进行一系列检测，如测定砂磨浆液的细度、扩散性能、固体含量以及色浆细度等项目。

色母粒料的湿法生产工艺有四种：冲洗法、捏合法、金属皂法、油墨法。

（1）冲洗法 颜料、水和分散剂通过砂磨，使颜料颗粒小于 $1\mu m$，并通过相转移法，使颜料转入油相，然后干燥制得色母粒。转相时需要用有机溶剂以及相应的溶剂回收装置。其流程如下：

颜料、分散剂、助剂量——球磨机——均化稳定处理——干燥——树脂混合——挤出造粒成色色母粒

（2）捏合法 捏合法工艺流程如下：

颜料、助剂、树脂捏合——脱水——干燥——树脂混合——挤出造粒成色母粒

（3）金属皂法 颜料经过研磨粒度达到 $1\mu m$ 左右，在一定温度下加入皂液，使颜料颗粒表面层均匀地被皂液所润湿，形成一层皂化液，加入金属盐溶液与颜料表面的皂化层化学反应生成一层金属皂的保护层（硬脂酸镁），这样就使磨细后的颜料颗粒不会发生絮凝现象。

金属皂法工艺流程如下：

颜料、助剂、水混合——分离脱水——干燥——树脂混合——挤出造粒成色母粒

（4）油墨法 在色母粒生产中采用油墨色浆的生产方法，即通过三辊研磨，在颜料表面包覆一层低分子保护层。研磨后的细色浆再和载体树脂混合，然后通过双辊开炼机进行塑化，最后通过单螺杆或双螺杆挤出机进行造粒。

其工艺流程如下：

颜料、助剂、分散剂、树脂、溶剂配料——三辊研磨色浆——脱溶剂——树脂混合——挤出造粒成色母粒

色母粒料干法生产的工艺流程：颜料（或染料）助剂、分散剂、载体——高速混合搅拌剪切——双螺杆挤出造粒——冷切造粒成色母粒

三、色母粒使用的注意事项

色母的使用非常简单，只需按规定的配比与树脂颗粒混合，拌和即可。

1. 注意事项

色母粒存放一段时间后会吸潮，尤其是 PET、ABS、PA、PC 等，故要按本

色粒同样的工艺进行干燥并达到含水量要求。用色母粒拼色常常会发生色差和色光的变化。色母粒和其他添加剂会有反应，使用时要注意。色母粒稀释比的选取应注意选用高的稀释比，可降低生产成本。

2. 设备操作要点

注塑机（或挤出机）混炼腔一般有多个温度区域，其中靠近落料口的那段温度应略高一些，这是为了使色母进入混炼腔后迅速熔化，与树脂尽快混合均匀，这样有利于色母颜料在制品中良好分散。

适当的增加背压可以提高螺杆的混炼效果，有利于颜料的分散，施加背压的副作用是使注塑速度有所降低。

挤出机的模头温度适当提高，可以增加制品的光亮度。

四、色母粒使用比例的确定

确定色母使用比例的依据是满意的着色效果，只要制品表面色调均匀，没有条纹和斑点，就可以认可。

色母的使用比例主要有以下几种。

1∶100　　容易出现颜料分散不均匀的现象，一般不建议客户使用这一比例。

1∶50　　用于着色要求一般的塑料制品，PE、PP 色母较多使用这一比例。

1∶33～1∶25　　用于着色要求较低或一般的 ABS 制品。

1∶20　　用于高级塑料制品，可广泛用于注塑、吹塑等工艺。

1∶20 以下　　一般用于高级化妆品容器着色，较多地用于小型注塑机。

第三节　　　　　　　　　　　　　　　　　　　　　　＜＜＜
色母粒颜色调配方法

以实例加以说明。

如制作添加量 2％（1∶50）的色母粒 10kg，也就是每 25kg 树脂要添加 500g色母粒，那么 10kg 色母粒就可以满足 500kg 树脂的色母用量。

先按样板颜色调配好，定好配方：一般是每 25kg 树脂计一份色粉用量，颜色配方一定要在小型注塑机或造粒过程中调配好，最好是到客户的设备上进行打板确认。因为颜料在经过造粒等加工工序会产生轻微色差。假如这个配方（25kg 树脂）的颜料总量是 100g，那制作 10kg 色母粒就是用 100g 色粉×20 份树脂（计 500kg树脂）＝2000g 色粉。再把 2000g 色粉加入到 8kg 载体树脂与助剂中一起造粒后即成为添加量 2％的色母 10kg。

调色方法与技巧同平常调色一样，可以参考前面章节的调色举例。

第四节
色母粒着色常见缺陷与解决办法

<<<

1. 在阳光照射下，制品中有条纹状的颜料带。

这个问题需从塑料物理机械性能和塑料成型工艺两个方面考虑。

可能的原因：注塑设备的温度没有控制好，色母进入混炼腔后不能与树脂充分混合。注塑机没有施加一定的背压，螺杆的混炼效果不好。色母的分散性不好或树脂塑化不好。

解决办法：工艺方面可将混炼腔后段部分的温度稍微提高并给注塑机施加一定背压。如经以上调整仍不见效，则可能是色母、树脂的分散性和色母基质不匹配的问题。

2. 使用某种色母后，制品较易破裂。

这是由于所选用的分散剂或助剂质量不好，造成扩散互溶不良，从而影响制品的物理机械性能。

3. 按色母说明书的比例使用，颜色过深（过浅）。

存在很多可能性，具体如下。

① 色母未经认真试色，颜料过少或过多。

② 使用时计量不准确，国内企业尤其是中小企业随意计量的现象大量存在。

③ 色母与树脂的匹配存在问题，这可能是色母的载体选择不当，也可能是厂家随意改变树脂品种。

④ 温度不当，色母在机器中停留时间过长。

处理程序：首先检查树脂品种是否与色母匹配、计量是否准确，其次调整机器温度或转速，如仍存在问题应与色母粒生产厂家联系。

4. 同样的色母、树脂和配方，不同的注塑机生产的产品为何颜色有深浅？

这往往是注塑机的原因引起的。不同的注塑机因制造、使用时间或保养状况的不同，机械状态有差别，特别是加热原件与料筒的紧贴程度的差别，使色母在料筒里的分散状态也不一样，就会出现上述现象。

5. 更改树脂的牌号后，同样的色母和配方，颜色却发生了变化。

不同牌号的树脂其密度和熔融指数会有差别，因此树脂的性能会有差别，与色母的相容性也会有差别，从而发生颜色变化。一般说来，只要树脂的密度和熔融指数相差不大，那么颜色的差别也不会太大，可以通过调整色母的用量来较正颜色。

6. 色母在储存过程中发生颜料迁移现象，是否会影响制品的质量？

有些色母的颜料（或染料）含量很高，在这种情况下，发生迁移现象属于正常。尤其是加入染料的色母，会发生严重的迁移现象。但这不影响制品的质量，因为色母注射成制品后，颜料在制品中处于正常的显色浓度。

7. 为什么使用色母着色后有的注射制品光泽不好？

有以下几种可能：

① 注塑机的喷嘴温度过低；

② 注塑机的模具光洁度不好；

③ 制品成型周期过长；

④ 色母中所含钛白粉过多；

⑤ 色母的分散不好。

8. 为什么 ABS 色母特别容易出现色差异？

不同牌号 ABS 色差较大，即使同一牌号的 ABS，每批批号也可能存在色差，使用色母着色后当然也会出现色差。这是由 ABS 的特性引起的，目前还没有彻底的解决办法，但是这种色差一般并不严重。在使用 ABS 色母时，必须注意 ABS 的这一特性。

第六章

配色注意事项

第一节 <<<

配方设计时要注意的问题

在选择色粉时，需要注意的问题有树脂的底色与透明性、颜料的色光、颜料的应用性能与迁移性、颜料的热色效应、成型温度等。

一、树脂的底色与透明性

许多塑料原料都有各自的颜色，如 ABS757 呈半透明、淡黄色，HIPS 呈半透明乳白色；PC、PMMA、GPPS 等是无色透明的，PP、PE 等是乳白色半透明的。对有底色的塑料原料配色，在下配方时要用色粉来消除它自身颜色的影响。

如 ABS757 的底色带黄，调磁白色时，可以增加群青与增白剂的用量。塑料的透明性越好，调配珠光、银粉、幻彩珠光、金色等颜色的效果越好。调配透明颜色选用透明色粉。根据树脂的成型温度选择相应的中温高温色粉。

二、选用性能相同的颜料

在配色时要选择相容性好的颜料，如醇溶性颜料不宜和油溶性颜料配用，否则会产生发花或阴阳色。

在实际配色中因为价格、颜色色调和供应等条件限制，不得不选用一些耐热性一般的品种，在这种情况下，要选用耐热性相近的品种，否则在加工过程中，颜料受高温变化影响，会产生色调的差异。

选择日晒牢度和耐候性相近的品种，否则制品室外使用时，产生褪色的程度会不一样。

要注意选用分散性相近的品种，分散性不好，也会有色泽变化。

三、颜料的着色力

当配制深色制品时，因颜料加入量大，且有机颜料着色力比无机颜料高，所以一般选用有机颜料，当配制浅色制品就可以选用着色力低的品种。

四、塑料中各种助剂对颜料的影响

如 PVC 料中，因为含有铅系和镉系热稳定剂，会与含硫的无机颜料生成黑色硫化物；加入阻燃剂时会增加树脂的不透明性，有些树脂中加入抗氧剂会引起钛白粉泛黄。

五、颜料的毒性

一般来说，无机颜料中含有铅、镉等化合物，不能用于与食品接触的塑料制品的着色。各个国家的食品卫生法规不同，如配制出口的塑料制品，要特别注意符合出口国家法规要求的着色原料的要求。

六、颜料的应用性能与迁移性

有机颜料用于塑料中（主要是聚乙烯和聚氯乙烯等树脂）会产生发花、渗色、沾色、迁移等现象。调色前要对色粉的各种特性如耐温性、适用树脂、透明性、耐候性、耐迁移性、化学稳定性等了解清楚。

七、颜料的色光

根据前面掌握的色粉知识，塑料色粉原料因为粒径大小或化学结构等不同而呈现不同的色光，如炭黑有黄光、蓝光之分，粒径大的呈蓝光，粒径小的呈棕黄色光；粒径大的钛白粉呈黄色光，粒径小的呈蓝色光；其它无机、有机颜料更是带有色光偏向，如绿光蓝色，红光蓝色；黄光红色，蓝光红色；红光黄色与绿光黄色；红光橙色与黄光橙色等。

根据原料类别与成型条件缩小色粉选择范围后，一定要注意色光的选择，要避免色粉间的色光成为补色，使配出来的颜色发暗。

比如调配一个绿色，应选用绿光蓝（如酞菁蓝 BGS，颜料蓝 15：3）与绿光黄（如永固黄 GG，颜料黄 17#）搭配才能调配出鲜艳的绿色来。如果选用呈红光的酞菁蓝 BS（颜料蓝 15：1）与呈红光永固黄 HR（颜料黄 83#），配出来的颜色肯定发暗而不鲜艳。

也就是说，调配鲜艳制品选择色粉时，色相、色光都要相生，不能带有补色。

八、颜料的热色效应

有些颜料的色泽会随着温度的变化而变化，需要完全冷却后才能对色，因此在调色时，一定要把对色样板完全冷却后再对色。

第二节
怎样控制色差的产生

塑料制品在成型加工过程中，由于加工设备不同，成型性能各异，原料品种繁多，加之设备的运行状态、模具的型腔结构、物料的流变性、人员的复杂性等多种因素的影响，使得塑料的内在及外观经常会出现各种各样的成型缺陷。作为调色技师，要对这些方面有一定的了解，否则，有的问题容易被误认为是色粉造成的。据有关资料统计，颜色呈现差异的原因，原料原因占 20％，机器因素占 30％，色粉搭配原因占 50％。

一、色差产生的原因分析

1. 树脂基色对颜色的影响

树脂是配色的要素之一，树脂的基色对配色的精确性有很大影响。不同厂家、不同牌号的树脂，甚至相同厂家、相同牌号不同批次的树脂之间在基色上也有或大或小的差异。如果这种差异很大，传递到最终产品时，会导致同一颜色配方出现色差，影响颜色品质。

2. 分散剂对颜色的影响

分散剂是色粉中常用的助剂，有助于润湿颜料，减小颜料粒径，增加树脂与颜料之间的亲和力，从而改善颜料与载体树脂之间的相容性，提高颜料分散水平。在配色过程中，不同种类的分散剂会影响到制品的色彩品质。

分散剂的熔点一般比树脂的加工温度低，在成型过程中，先于树脂熔化，从而增加了树脂的流动性。并且由于分散剂黏度低，与颜料的相容性好，因此能够进入到颜料团聚体内部，传递外部剪切力打开颜料团聚体而获得均匀的分散效果。

但是如果分散剂种类的分子量过低，熔点过低，会导致体系黏度大大下降，这样传递到颜料团聚体上的外界剪切力也大幅下降，导致团聚粒子很难打开，颜料粒子不能很好的分散在熔体中，最终导致制品的颜色品质不理想。在配色过程中使用分散剂时一定要考虑其相对分子量、熔点等参数，选择适合颜料及载体树脂的分散剂。另外，如果分散剂用量过大，也会导致制品颜色发黄而产生色差。

3. 颜料本身对颜色的影响

颜料的分散性能对颜色有一定的影响，一些难分散的颜料在塑料加工过程中会高速剪切会变化产生色差，一般对其做预分散处理（打粉和过筛）。

在注塑生产中，一般还要加入白矿油与扩散油，如果在打样时添加，而在生产中没有添加，也会由于颜料分散性不同而出现色差。

另一方面，在根据配方批量生产色粉时，一定要使用与试样相同的色粉原料，才能保证生产出来的产品的色彩一致性。如果打板时颜料是经过预处理的，生产时也要批量进行预处理。如果需要使用新采购的原料，一定要对着色力、色光、分散性等指标进行检验（在同一种原料上打同样色粉重量的板比色），若有差异，要按调色的方法加入其它色粉使其与原来的色粉的色光、着色力等达到一致才能使用。

4. 生产过程控制对颜色的影响

生产过程一般包括烘料、拌料、加料、调机、成型等过程，每一个环节没按规定控制好都会影响颜色的品质。

（1）首先保证树脂原料一致。因厂商不同或同一厂商的生产日期不同，塑料的底色有一些差异，这样即使使用同一着色配方也会产生色差，特别是 ABS 料。

（2）烘料环节

ABS、PA、PC 等原料配色前须先烘干水分，而烘烤时间过长、烘烤温度过高，都会使原料底色烤黄或变色而导致色差。

（3）拌料环节

在拌料过程中，料缸未清洗干净，会混有其他颜色而产生色差；拌料时间不够或料过多导致搅拌不均匀也会产生色差。正确的方法是先加白矿油与原料拌匀，再加入色粉搅拌均匀。搅拌时间不可过长，一般为 5min。

（4）加料环节

换料生产一定要清洗干净料筒；有的工厂是直接在注塑机上烘料的，一定要控制好时间与温度。

（5）成型条件

主要是保证成型温度与成型时间的一致，防止颜料受高温影响而发生变色，还要减少树脂同颜料在高温下的停留时间。

不同的操作人员调机，或机器异常等原因使成型状态（如模腔温、背压、料筒温度）不同也会导致产生色差。在称量色粉时弄错比例、重量与品种均会导致色差，这是一些低级错误，只要认真就会克服。打样调色称量用的电子秤精确度一般为千分之一的就可以，最好是使用精确度为万分之一的电子秤。

5. 色粉的耐热性对颜色的影响

颜色配方中所选用的色粉原料的耐热性要与树脂成型温度相匹配；同时要避免使用大机器生产小产品，过长的塑化时间或料筒残料会使色粉与树脂变色而产生色差。

二、常见的问题与解决方法

(1) 条纹

表现为制品中有条纹状的颜料带，可能的原因如下：

① 注塑设备的温度没有控制好，色母粒进入混炼腔后不能与树脂充分混合。解决方法是提高温度。

② 注塑机没有加一定的背压，螺杆的混炼效果不好。解决方法是加背压或换机器生产。

③ 色粉或色母的分散性不好。解决方法是加分散剂，或把色粉原料仔细过筛，如果再不行就只能换颜料品种。

④ 对于珠光颜料可以采取提高注射速度、压力，加大浇口，优化模具结构等方法来降低条纹。

(2) 按色粉（或色母）比例使用后，颜色过深（过浅），可能的原因如下：

① 色粉（或色母）未经认真试色，颜料过少或过多。

② 使用时计量不准确。

③ 色粉（或色母）的耐温性与相容性和树脂的匹配存在问题。

④ 机器温度不当，或色粉与原料在料筒中停留时间过长。

⑤ 拌料时没加分散剂等。

⑥ 烘料时间过长，造成原料变色。

处理顺序：首先检查树脂品种与色粉、色母是否相匹配，计量是否准确，其次调整机器温度与螺杆转速等。

(3) 同样的色粉（或色母）配方和树脂，不同注塑机生产的产品颜色有深浅。

这往往是由于注塑机的原因引起的。不同的注塑机因制造、使用时间或保养状况的不同，造成机械状态的差别，特别是加热原件与料筒的紧贴程度的差别，使色粉或色母在料筒里的分散状态不一样。

(4) 制品内部和表面有黑点，解决办法如下：

① 检查分散性能，可以通过添加助剂与调整工艺参数来解决。

② 检查生产过程，看看有没有灰尘、杂质等污染源。

③ 检查树脂原料有没有污染源，特别是有没有加回料等。

参考文献

[1] 钟蜀珩. 色彩构成. 北京：中国美术出版社，1994.
[2] 宋卓颐等. 塑料原料与助剂. 北京：科学技术文献出版社，2006.
[3] 吴立峰等. 色母粒使用手册. 北京：化学工业出版社，2011.
[4] 于文杰等. 塑料助剂与配方设计技术. 第 3 版. 北京：化学工业出版社，2010.
[5] 吴立峰. 塑料着色配方设计. 第 2 版. 北京：化学工业出版社，2009.